4학년이 꼭 알아야 할

수학 서술형

서술형

특징

1 다양한 서술형 문제를 제시된 풀이 과정에 따라 학습하고 익히면서 자연스럽게 문제 해결이 가능하도록 하였습니다.

2 학교 교과 과정을 기준으로 하여 학기 중에 학교 진도에 맞추어 학습이 가능하도록 하였습니다.

구성

서술형 탐구 대표적인 서술형 유형을 선택하여 서술 길라잡이와 함께 제시된 풀이 과정을 통해 문제 해결 방법을 익히도록 구성하였습니다.

서술형 완성하기 서술형 탐구와 유사한 문제를 빈칸을 채우며 풀이 과정을 익히는 학습을 통해 같은 유형의 서술형 문제를 익히도록 구성하였습니다.

서술형 정복하기 서술형 완성하기에서 배운 풀이 전개 방법을 완벽하게 반복 연습하여 서술형 문제에 대한 자신감을 갖도록 구성하였습니다.

실전! 서술형 단원을 마무리 하면서 익힌 내용을 다시 한 번 정리해 보고 확인하여 자신의 실력으로 만들 수 있도록 구성하였습니다.

CONTENTS

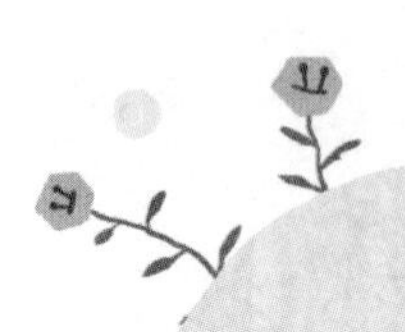

1 큰 수

1 다섯 자리 수 알아보기

2 큰 수에서 0의 개수 알아보기

3 큰 수 만들기

4 뛰어세기(1)

5 뛰어세기(2)

6 수의 크기 비교하기(1)

7 수의 크기 비교하기(2)

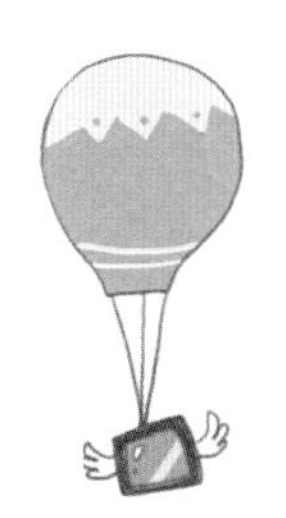

10000이 3개, 1000이 7개, 100이 9개, 10이 5개, 1이 2개이면 얼마인지 풀이 과정을 쓰고 답을 구해 보세요. (5점)

서술 길라잡이 10000이 ■개이면 ■0000, 1000이 ▲개이면 ▲000, 100이 ●개이면 ●00, 10이 ♥개이면 ♥0, 1이 ◆개이면 ◆입니다.

10000이 3개이면 30000, 1000이 7개이면 7000, 100이 9개이면 900, 10이 5개이면 50, 1이 2개이면 2입니다.
따라서 구하는 수는 30000+7000+900+50+2=37952입니다.

답 37952

평가 기준		합
각 자리 숫자가 나타내는 값을 바르게 구한 경우	3점	5점
다섯 자리 수를 구한 경우	2점	

서술형 완성하기 서술형 풀이를 완성하고 답을 써 보세요.

1 10000이 8개, 1000이 5개, 100이 0개, 10이 3개, 1이 7개이면 얼마인지 풀이 과정을 쓰고 답을 구해 보세요.

10000이 8개이면 ☐, 1000이 5개이면 5000, 100이 0개이면 ☐, 10이 3개이면 30, 1이 7개이면 7입니다.

따라서 구하는 수는 ☐+5000+☐+30+7=☐입니다.

답 ____________

2 효근이는 10000원짜리 6장, 1000원짜리 2장, 100원짜리 5개, 10원짜리 3개를 저금하였습니다. 효근이가 저금한 돈은 모두 얼마인지 풀이 과정을 쓰고 답을 구해 보세요.

10000이 6장은 ☐, 1000원짜리 2장은 2000원, 100원짜리 5개는 500원, 10원짜리 3개는 ☐(원)입니다.

따라서 효근이가 저금한 돈은 모두 ☐+2000+500+☐=☐(원)입니다.

답 ____________

서술형 정복하기

1 동민이가 받은 용돈은 10000원짜리 2장, 1000원짜리 8장, 100원짜리 5개입니다. 동민이가 받은 용돈은 모두 얼마인지 풀이 과정을 쓰고 답을 구해 보세요. (5점)

서술 길라잡이 10000이 ■개이면 ■0000, 1000이 ▲개이면 ▲000, 100이 ●개이면 ●00입니다.

2 신영이는 한 달 동안 10000원짜리 5장, 1000원짜리 21장, 100원짜리 4개, 10원짜리 37개를 모았습니다. 신영이가 한 달 동안 모은 돈은 모두 얼마인지 풀이 과정을 쓰고 답을 구해 보세요. (5점)

서술 길라잡이 10000이 ■개이면 ■0000, 1000이 ▲개이면 ▲000, 100이 ●개이면 ●00, 10이 ♥개이면 ♥0입니다.

3 석기의 저금통에 들어 있는 돈을 표로 정리하여 나타낸 것입니다. 100원짜리 동전 17개를 더 저금한다면 석기의 저금통에 들어 있는 돈은 모두 얼마가 되는지 풀이 과정을 쓰고 답을 구해 보세요. (6점)

10000원짜리	1000원짜리	100원짜리	10원짜리
8장	4장	9개	30개

서술 길라잡이 100원짜리 동전 17개를 더 저금하면 100원짜리 동전은 모두 몇 개가 되는지 알아봅니다.

답

서술형 탐구

100억이 16개, 억이 24개, 10만이 39개인 수를 12자리 수로 나타낼 때, 0의 개수는 모두 몇 개인지 풀이 과정을 쓰고 답을 구해 보세요. (5점)

서술 길라잡이 수로 나타낼 때, 억은 0이 8개, 만은 0이 4개 붙습니다.

100억이 16개이면 1600억 ➡ 160000000000
억이 24개이면 24억 ➡ 2400000000
10만이 39개이면 390만 ➡ 3900000
162403900000

따라서 12자리 수로 나타내면 162403900000이므로 0은 모두 6개입니다.

답 6개

평가 기준			
	12자리 수로 바르게 나타낸 경우	3점	합 5점
	0의 개수를 구한 경우	2점	

서술형 완성하기

서술형 풀이를 완성하고 답을 써 보세요.

1 100억이 32개, 억이 40개, 10만이 25개인 수를 12자리 수로 나타낼 때, 0의 개수는 모두 몇 개인지 풀이 과정을 쓰고 답을 구해 보세요.

100억이 32개이면 3200억 ➡ 320000000000
억이 40개이면 □억 ➡ □00000000
10만이 25개이면 250만 ➡ 2500000
□

따라서 12자리 수로 나타내면 □이므로 0은 모두 □개입니다.

답 ______

2 10억이 17개, 100만이 93개, 만이 55개인 수를 11자리 수로 나타낼 때, 0의 개수는 모두 몇 개인지 풀이 과정을 쓰고 답을 구해 보세요.

10억이 17개이면 170억 ➡ □00000000
100만이 93개이면 9300만 ➡ 93000000
만이 55개이면 55만 ➡ 550000
□

따라서 11자리 수로 나타내면 □이므로 0은 모두 □개입니다.

답 ______

서술형 정복하기

1 억이 18개, 10만이 50개, 만이 76개인 수를 10자리 수로 나타낼 때, 0의 개수는 모두 몇 개인지 풀이 과정을 쓰고 답을 구해 보세요. (5점)

서술 길라잡이 | 10만이 ■개이면 ■0만입니다.

답

2 100억이 41개, 억이 60개, 1000만이 9개, 만이 30개인 수를 12자리 수로 나타낼 때, 0의 개수는 모두 몇 개인지 풀이 과정을 쓰고 답을 구해 보세요. (5점)

서술 길라잡이 | 100억이 ■개이면 ■00억이고, 1000만이 ▲개이면 ▲000만입니다.

3 100억이 70개, 억이 30개, 100만이 50개인 수를 12자리 수로 나타낼 때, 0의 개수는 모두 몇 개인지 풀이 과정을 쓰고 답을 구해 보세요. (5점)

서술 길라잡이 | 100억이 ■개이면 ■00억이고, 100만이 ▲개이면 ▲00만입니다.

답

서술형 탐구

0에서 9까지의 숫자 중 서로 다른 숫자를 사용하여 백만의 자리 숫자가 2인 가장 큰 8자리 수를 만들려고 합니다. 풀이 과정을 쓰고 답을 구해 보세요. (5점)

서술 길라잡이 구하려는 수의 각 자리의 숫자를 □로 놓고 생각합니다.

백만의 자리 숫자가 2인 8자리 수는 □2□□□□□□입니다.
가장 큰 8자리 수를 만들어야 하므로 남은 숫자를 가장 높은 자리에 큰 숫자부터 차례대로 □ 안에 써넣으면 92876543입니다.

답 92876543

평가 기준		
백만의 자리 숫자가 2인 8자리 수의 형태를 알고 있는 경우	2점	합 5점
조건에 알맞은 8자리 수를 만든 경우	3점	

서술형 완성하기

서술형 풀이를 완성하고 답을 써 보세요.

1 0에서 9까지의 숫자 중 서로 다른 숫자를 사용하여 십만의 자리 숫자가 0인 가장 작은 8자리 수를 만들려고 합니다. 풀이 과정을 쓰고 답을 구해 보세요.

십만의 자리 숫자가 0인 8자리 수는 ■■0■■■■■입니다.
가장 작은 8자리 수를 만들어야 하므로 남은 숫자를 가장 높은 자리에 작은 숫자부터 차례대로 쓰면

□□0□□□□□입니다.

답

2 숫자 카드를 모두 사용하여 만의 자리 숫자가 7인 가장 큰 8자리 수를 만들려고 합니다. 풀이 과정을 쓰고 답을 구해 보세요.

4 9 0 7 2 5 1 8

만의 자리 숫자가 7인 8자리 수는 ■■■7■■■■입니다.
가장 큰 수를 만들어야 하므로 남은 숫자 카드를 가장 높은 자리에 큰 숫자부터 차례대로 놓으면

□□□7□□□□입니다.

답

서술형 정복하기

1 숫자 카드 [1], [4], [6], [8], [9] 를 모두 사용하여 다섯 자리 수를 만들려고 합니다. 만의 자리 숫자가 6인 수 중 가장 큰 수와 가장 작은 수는 각각 얼마인지 풀이 과정을 쓰고 답을 구해 보세요. (4점)

서술 길라잡이 만의 자리에 숫자 6을 놓은 후, 가장 높은 자리에 큰 숫자 부터 차례대로 놓으면 가장 큰 수가 되고, 작은 숫자부터 차례대로 놓으면 가장 작은 수가 됩니다.

답

2 0에서 9까지의 숫자를 모두 사용하여 억의 자리 숫자가 5인 가장 작은 10자리 수를 만들려고 합니다. 풀이 과정을 쓰고 답을 구해 보세요. (5점)

서술 길라잡이 0은 맨 앞자리에 올 수 없음에 주의하여 조건에 알맞은 수를 만듭니다.

답

3 0, 1, 2, 3, 4가 쓰여 있는 숫자 카드가 각각 2장씩 있습니다. 이 숫자 카드를 사용하여 만들 수 있는 8자리 수 중에서 두 번째로 큰 수와 두 번째로 작은 수의 차는 얼마인지 풀이 과정을 쓰고 답을 구해 보세요. (6점)

서술 길라잡이 가장 큰 숫자부터 사용하여 두 번째로 큰 수를 만들고, 가장 작은 숫자부터 사용하여 두 번째로 작은 수를 만듭니다.

답

뛰어 세기를 했습니다. 빈 곳에 알맞은 수를 써넣고, 얼마씩 뛰어 센 것인지 설명해 보세요. (4점)

135700 — 145700 — 155700 — 165700 — 175700

서술 길라잡이 어느 자리 숫자가 몇씩 커지는지 알아봅니다.

135700에서 한 번 뛰어 145700이 되었습니다.
따라서 만의 자리 숫자가 1씩 커졌으므로 10000씩 뛰어 센 것입니다.

평가 기준			
	빈 곳에 알맞은 수를 바르게 써넣은 경우	2점	합 4점
	얼마씩 뛰어 센 것인지 바르게 설명한 경우	2점	

서술형 완성하기

서술형 풀이를 완성하고 답을 써 보세요.

1 뛰어 세기를 했습니다. 빈 곳에 알맞은 수를 써넣고, 얼마씩 뛰어 센 것인지 설명해 보세요.

215억 — 225억 — 235억 — [ ] — [ ]

215억에서 한 번 뛰어 225억이 되었습니다.

따라서 [ ]의 자리 숫자가 [ ]씩 커졌으므로 [ ]씩 뛰어 센 것입니다.

2 수를 뛰어 센 것입니다. ㉠에 알맞은 수는 얼마인지 풀이 과정을 쓰고 답을 구해 보세요.

1258만 — [ ] — 1458만 — ㉠ — 1658만

1258만에서 1458만까지 2번 뛰어 센 수의 차가 200만이므로 [ ]씩 뛰어 센 것입니다.

따라서 ㉠에 알맞은 수는 1458만보다 [ ] 큰 수인 [ ]입니다.

답 ____________

서술형 정복하기

1 뛰어 세기를 했습니다. 빈 곳에 알맞은 수를 써넣고, 얼마씩 뛰어 센 것인지 설명해 보세요. (4점)

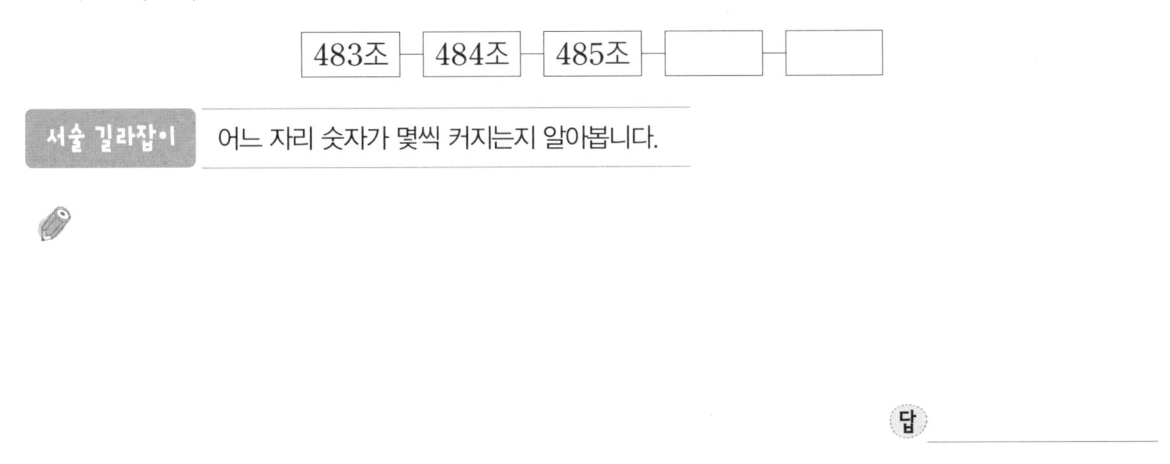

서술 길라잡이 어느 자리 숫자가 몇씩 커지는지 알아봅니다.

답

2 수를 뛰어 센 것입니다. ㉠에 알맞은 수는 얼마인지 풀이 과정을 쓰고 답을 구해 보세요. (5점)

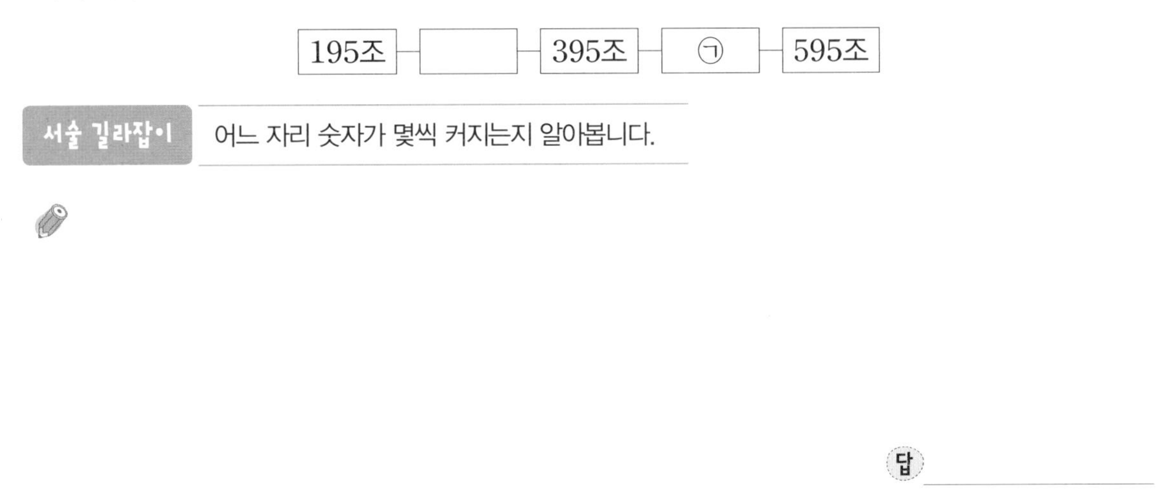

서술 길라잡이 어느 자리 숫자가 몇씩 커지는지 알아봅니다.

답

3 157조 3000억에서 커지는 규칙으로 1000억씩 5번 뛰어 센 수는 얼마인지 풀이 과정을 쓰고 답을 구해 보세요. (5점)

서술 길라잡이 1000억씩 뛰어 세면 천억의 자리 숫자가 1씩 커집니다.

서술형 탐구

어떤 수에서 2000억씩 큰 수로 4번 뛰어 센 수가 5조 7000억이었습니다. 어떤 수는 얼마인지 풀이 과정을 쓰고 답을 구해 보세요. (5점)

서술 길라잡이 거꾸로 생각하여 5조 7000억에서 2000억씩 작은 수로 4번 뛰어서 세어 봅니다.

2000억씩 큰 수로 4번 뛰어 센 수가 5조 7000억이므로 어떤 수는 5조 7000억에서 2000억씩 작은 수로 4번 뛰어 세어 구할 수 있습니다.
5조 7000억 − 5조 5000억 − 5조 3000억 − 5조 1000억 − 4조 9000억
따라서 어떤 수는 4조 9000억입니다.

답 4조 9000억

평가 기준		합
어떤 수를 구하는 방법을 제시한 경우	2점	5점
바르게 뛰어 세어 어떤 수를 구한 경우	3점	

서술형 완성하기

서술형 풀이를 완성하고 답을 써 보세요.

1 어떤 수에서 3000억씩 큰 수로 5번 뛰어 센 수가 8조 2000억이었습니다. 어떤 수는 얼마인지 풀이 과정을 쓰고 답을 구해 보세요.

3000억씩 큰 수로 5번 뛰어 센 수가 8조 2000억이므로 어떤 수는 8조 2000억에서 3000억씩 작은 수로 5번 뛰어 세어 구할 수 있습니다.

8조 2000억 − 7조 9000억 − [ ] − 7조 3000억 − 7조 − [ ]

따라서 어떤 수는 [ ]입니다.

답 ______

2 어떤 수에서 500억씩 큰 수로 6번 뛰어 센 수가 2조 5000억이었습니다. 어떤 수는 얼마인지 풀이 과정을 쓰고 답을 구해 보세요.

500억씩 큰 수로 6번 뛰어 센 수가 2조 5000억이므로 어떤 수는 2조 5000억에서 500억씩 작은 수로 6번 뛰어 세어 구할 수 있습니다.

2조 5000억 − [ ] − 2조 4000억 − 2조 3500억 − [ ] − 2조 2500억 − [ ]

따라서 어떤 수는 [ ]입니다.

답 ______

서술형 정복하기

1 어떤 수에서 1000억씩 큰 수로 3번 뛰어 센 수가 12조였습니다. 어떤 수는 얼마인지 풀이 과정을 쓰고 답을 구해 보세요. (5점)

서술 길라잡이 거꾸로 생각하여 1000억씩 작은 수로 3번 뛰어서 세어 봅니다.

답

2 어떤 수에서 4000억씩 큰 수로 10번 뛰어 센 수가 6조 1000억이었습니다. 어떤 수는 얼마인지 풀이 과정을 쓰고 답을 구해 보세요. (5점)

서술 길라잡이 거꾸로 생각하여 4000억씩 작은 수로 10번 뛰어서 세어 봅니다.

답

3 어떤 수에서 600억씩 작은 수로 5번 뛰어 센 수가 20조 9200억이었습니다. 어떤 수는 얼마인지 풀이 과정을 쓰고 답을 구해 보세요. (5점)

서술 길라잡이 거꾸로 생각하여 600억씩 큰 수로 5번 뛰어서 세어 봅니다.

답

520381947 (>) 520379584입니다. 520381947이 520379584보다 큰 이유를 설명해 보세요. (4점)

서술 길라잡이 자릿수가 같으면 가장 높은 자리의 숫자부터 차례대로 비교합니다.

두 수는 모두 9자리 수이므로 가장 높은 자리의 숫자부터 차례대로 비교하여 숫자가 큰 쪽이 더 큰 수입니다.
억의 자리부터 십만의 자리까지 숫자가 같으므로 만의 자리를 비교하면 8 > 7입니다.
따라서 520381947 > 520379584입니다.

평가 기준		합
두 수의 크기 비교 방법을 제시한 경우	2점	4점
방법에 따라 두 수의 크기를 바르게 비교한 경우	2점	

서술형 완성하기

서술형 풀이를 완성하고 답을 써 보세요.

1 21746980 (>) 9530724입니다. 21746980이 9530724보다 큰 이유를 설명해 보세요.

두 수의 자릿수를 비교했을 때 자릿수가 많은 쪽이 더 큰 수입니다.

21746980은 □자리 수이고, 9530724는 □자리 수입니다.

따라서 21746980 > 9530724입니다.

2 ㉠과 ㉡중에서 더 작은 수는 어느 것인지 풀이 과정을 쓰고 답을 구해 보세요.

㉠ 36억 7280만 6514　　㉡ 36억 7080만

두 수는 모두 □자리 수이므로 가장 높은 자리의 숫자부터 차례대로 비교하여 숫자가 작은 쪽이 더 작은 수입니다.
십억의 자리부터 천만의 자리까지 숫자가 같으므로 백만의 자리를 비교하면

2 ◯ □입니다.

따라서 36억 7280만 6514 ◯ 36억 7080만이므로 더 작은 수는 (㉠, ㉡)입니다.

답 ____________

서술형 정복하기

1 7694200853 $<$ 42056730800입니다. 7694200853이 42056730800보다 작은 이유를 설명해 보세요. (4점)

서술 길라잡이	먼저 두 수의 자릿수를 비교해 봅니다.

2 ㉠과 ㉡ 중에서 더 큰 수는 어느 것인지 풀이 과정을 쓰고 답을 구해 보세요. (5점)

㉠ 534억 89만　　　㉡ 529억 7484만

서술 길라잡이	먼저 두 수의 자릿수를 비교하고 자릿수가 같으면 가장 높은 자리의 숫자부터 차례대로 비교합니다.

답 ____________

3 □ 안에는 0부터 9까지 어떤 숫자를 넣어도 됩니다. ㉠과 ㉡ 중에서 더 작은 수는 어느 것인지 풀이 과정을 쓰고 답을 구해 보세요. (6점)

㉠ 27905814　　　㉡ 27□03965

서술 길라잡이	□ 안에 0부터 9까지의 숫자를 넣어 두 수의 크기를 비교해 봅니다.

답 ____________

0부터 9까지의 숫자 중에서 □ 안에 들어갈 수 있는 숫자를 모두 구하려고 합니다. 풀이 과정을 쓰고 답을 구해 보세요. (5점)

74298150 < 7429□563

서술 길라잡이 먼저 두 수의 자릿수를 비교하고, 자릿수가 같으면 가장 높은 자리의 숫자부터 차례대로 비교하여 □ 안에 들어갈 수 있는 숫자의 조건을 알아봅니다.

두 수의 자릿수가 같으므로 가장 높은 자리의 숫자부터 차례대로 비교하면 천만의 자리부터 만의 자리까지 숫자가 모두 같습니다. 천의 자리는 비교할 수 없으므로 백의 자리를 비교하면 1<5입니다. 따라서 □ 안에는 8과 같거나 8보다 큰 숫자가 들어가야 하므로 □ 안에 들어갈 수 있는 숫자는 8, 9입니다.

답 8, 9

평가 기준			
	□ 안에 들어갈 수 있는 숫자의 조건을 설명한 경우	3점	합 5점
	□ 안에 들어갈 수 있는 숫자를 모두 구한 경우	2점	

서술형 완성하기

서술형 풀이를 완성하고 답을 써 보세요.

1 0부터 9까지의 숫자 중에서 ㉠과 ㉡의 ■에 공통으로 들어갈 수 있는 숫자를 모두 구하려고 합니다. 풀이 과정을 쓰고 답을 구해 보세요.

㉠ 294■16207593 > 294638021605
㉡ 294■36207593 > 294618021605

두 수의 자릿수가 같으므로 가장 높은 자리의 숫자부터 차례대로 비교하면 천억의 자리부터 십억의 자리까지 숫자가 모두 같습니다. 억의 자리는 비교할 수 없으므로 천만의 자리를 비교하면

㉠ 1<3이므로 ■는 □보다 큰 숫자여야 합니다.

➡ ■에 들어갈 수 있는 숫자는 □, □, □입니다.

㉡ 3>1이므로 ■는 □과 같거나 □보다 큰 숫자여야 합니다.

➡ ■에 들어갈 수 있는 숫자는 □, □, □, □입니다.

따라서 ■에 공통으로 들어갈 수 있는 숫자는 □, □, □입니다.

답 ____________

서술형 정복하기

1 0부터 9까지의 숫자 중에서 □ 안에 들어갈 수 있는 숫자를 모두 구하려고 합니다. 풀이 과정을 쓰고 답을 구해 보세요. (5점)

516216804750 < 51□704812960

서술 길라잡이 | 먼저 두 수의 자릿수를 비교하고, 자릿수가 같으면 가장 높은 자리의 숫자부터 차례대로 비교하여 □ 안에 들어갈 수 있는 숫자의 조건을 알아봅니다.

답

2 0부터 9까지의 숫자 중에서 □ 안에 들어갈 수 있는 숫자를 모두 구하려고 합니다. 풀이 과정을 쓰고 답을 구해 보세요. (5점)

81□3029510027 < 8140327005136

서술 길라잡이 | 먼저 두 수의 자릿수를 비교하고, 자릿수가 같으면 가장 높은 자리의 숫자부터 차례대로 비교하여 □ 안에 들어갈 수 있는 숫자의 조건을 알아봅니다.

답

3 0부터 9까지의 숫자 중에서 ㉠과 ㉡의 □ 안에 공통으로 들어갈 수 있는 숫자는 무엇인지 풀이 과정을 쓰고 답을 구해 보세요. (6점)

㉠ 24508319 < 2□307489
㉡ 1005668137 > 1005□75902

서술 길라잡이 | 먼저 ㉠과 ㉡의 □ 안에 들어갈 수 있는 숫자를 각각 알아봅니다.

답

실전! 서술형

1 동민이는 한 달 동안 10000원짜리 5장, 1000원짜리 7장, 100원짜리 14개, 10원짜리 22개를 모았습니다. 동민이가 한 달 동안 모은 돈은 모두 얼마인지 풀이 과정을 쓰고 답을 구해 보세요. (5점)

서술 길라잡이 10000이 ■개이면 ■0000, 1000이 ▲개이면 ▲000, 100이 ●개이면 ●00, 10이 ♥개이면 ♥0입니다.

답 ________

2 100억이 20개, 10억이 49개, 만이 65개인 수를 12자리 수로 나타낼 때, 0의 개수는 모두 몇 개인지 풀이 과정을 쓰고 답을 구해 보세요. (5점)

서술 길라잡이 수로 나타낼 때, 억은 0이 8개, 만은 0이 4개 붙습니다.

답 ________

3 0부터 9까지의 숫자를 모두 사용하여 천만의 자리 숫자가 7인 가장 작은 10자리 수를 만들려고 합니다. 풀이 과정을 쓰고 답을 구해 보세요. (5점)

서술 길라잡이 구하려는 수의 각 자리를 □로 놓고 생각합니다.

답 ________

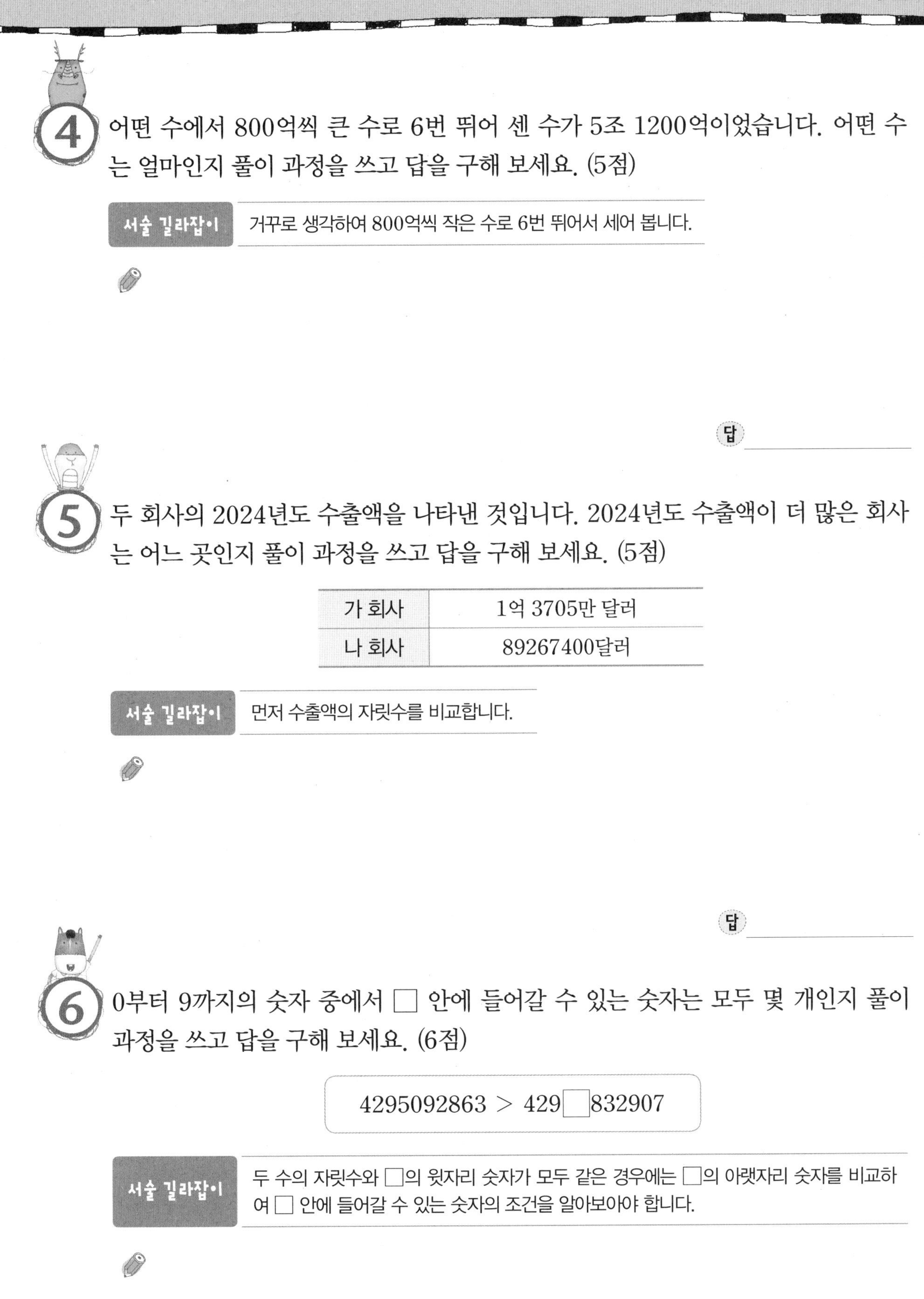

4 어떤 수에서 800억씩 큰 수로 6번 뛰어 센 수가 5조 1200억이었습니다. 어떤 수는 얼마인지 풀이 과정을 쓰고 답을 구해 보세요. (5점)

서술 길라잡이 거꾸로 생각하여 800억씩 작은 수로 6번 뛰어서 세어 봅니다.

답 ______________

5 두 회사의 2024년도 수출액을 나타낸 것입니다. 2024년도 수출액이 더 많은 회사는 어느 곳인지 풀이 과정을 쓰고 답을 구해 보세요. (5점)

가 회사	1억 3705만 달러
나 회사	89267400달러

서술 길라잡이 먼저 수출액의 자릿수를 비교합니다.

답 ______________

6 0부터 9까지의 숫자 중에서 □ 안에 들어갈 수 있는 숫자는 모두 몇 개인지 풀이 과정을 쓰고 답을 구해 보세요. (6점)

4295092863 > 429□832907

서술 길라잡이 두 수의 자릿수와 □의 윗자리 숫자가 모두 같은 경우에는 □의 아랫자리 숫자를 비교하여 □ 안에 들어갈 수 있는 숫자의 조건을 알아보아야 합니다.

답 ______________

재미있는 미로찾기

꼬불꼬불~ 길을 따라 미로를 탈출해 보아요~

출발

각도

1 각의 크기 재기
2 예각, 둔각 알아보기
3 각도의 합과 차 알아보기(1)
4 각도의 합과 차 알아보기(2)
5 삼각형의 세 각의 크기의 합
6 사각형의 네 각의 크기의 합
7 종이를 접었을 때 만들어지는 각도 구하기

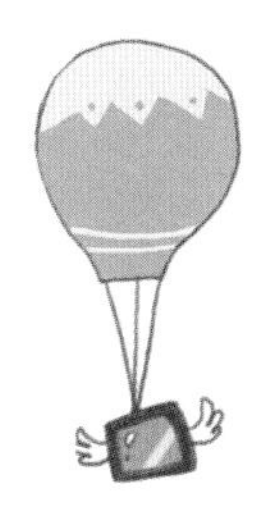

서술형 탐구

각도를 잘못 읽은 것입니다. 그 이유를 설명하고 바르게 읽어 보세요. (4점)

70°

서술 길라잡이	먼저 각의 방향을 살펴보고 각도기의 안쪽 눈금과 바깥쪽 눈금 중 어느 쪽을 읽어야 하는지 판단합니다.

각의 기준이 되는 선이 각도기의 왼쪽 밑금에 맞추어져 있으므로 각도기의 왼쪽 눈금 0에서 오른쪽으로 매겨진 바깥쪽 눈금을 읽어야 합니다.
따라서 각도를 읽으면 110°입니다.

답 110°

평가 기준			
	각도를 읽는 방법을 제시하여 이유를 바르게 설명한 경우	2점	합 4점
	각도를 바르게 읽은 경우	2점	

서술형 완성하기

서술형 풀이를 완성하고 답을 써 보세요.

1 각도를 잘못 읽은 것입니다. 그 이유를 설명하고 바르게 읽어 보세요.

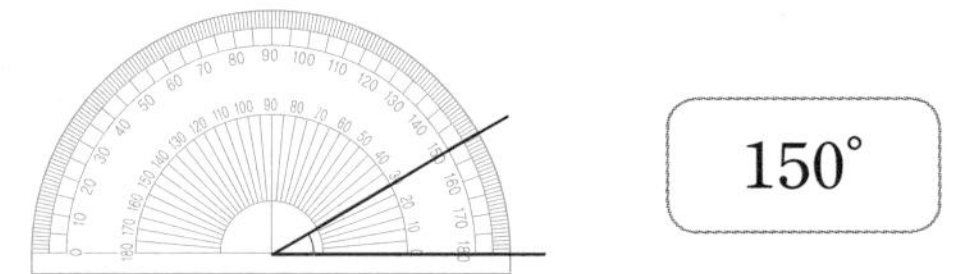

150°

각의 기준이 되는 선이 각도기의 (왼쪽, 오른쪽) 밑금에 맞추어져 있으므로 각도기의 오른쪽 눈금 0에서 왼쪽으로 매겨진 안쪽 눈금을 읽어야 합니다.
따라서 각도를 읽으면 ☐°입니다.

답 ______

2 각도를 바르게 읽은 사람은 누구인지 쓰고, 그 이유를 설명해 보세요.

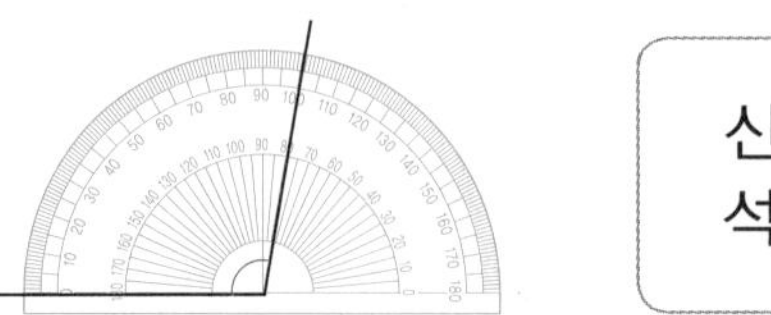

신영 : 100°
석기 : 80°

각의 기준이 되는 선이 각도기의 (왼쪽, 오른쪽) 밑금에 맞추어져 있으므로 각도기의 왼쪽 눈금 0에서 오른쪽으로 매겨진 바깥쪽 눈금을 읽으면 ☐°입니다.
따라서 각도를 바르게 읽은 사람은 ☐입니다.

답 ______

서술형 정복하기

1 각도를 잘못 읽은 것을 찾아 기호를 쓰고, 그 이유를 설명해 보세요. (4점)

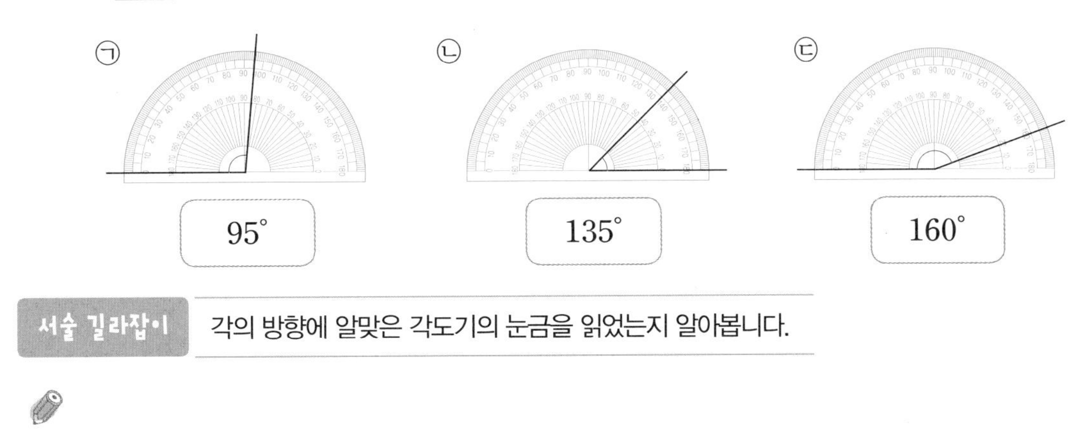

서술 길라잡이 각의 방향에 알맞은 각도기의 눈금을 읽었는지 알아봅니다.

답 ____________

[2~3] 그림을 보고 물음에 답해 보세요.

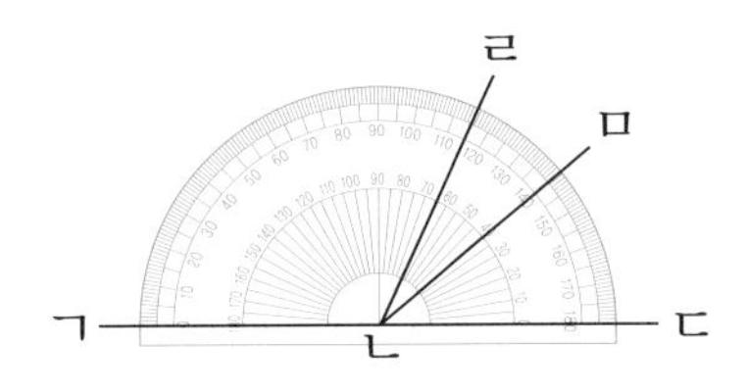

2 각 ㄹㄴㄷ의 크기를 읽어 보고 왜 그렇게 생각하는지 설명해 보세요. (5점)

서술 길라잡이 각 ㄹㄴㄷ의 기준이 되는 선이 각도기의 오른쪽 밑금에 맞추어져 있습니다.

답 ____________

3 각 ㄱㄴㅁ의 크기를 읽어 보고 왜 그렇게 생각하는지 설명해 보세요. (5점)

서술 길라잡이 각 ㄱㄴㅁ의 기준이 되는 선이 각도기의 왼쪽 밑금에 맞추어져 있습니다.

답 ____________

오른쪽 그림에서 찾을 수 있는 크고 작은 예각은 모두 몇 개인지 풀이 과정을 쓰고 답을 구해 보세요. (5점)

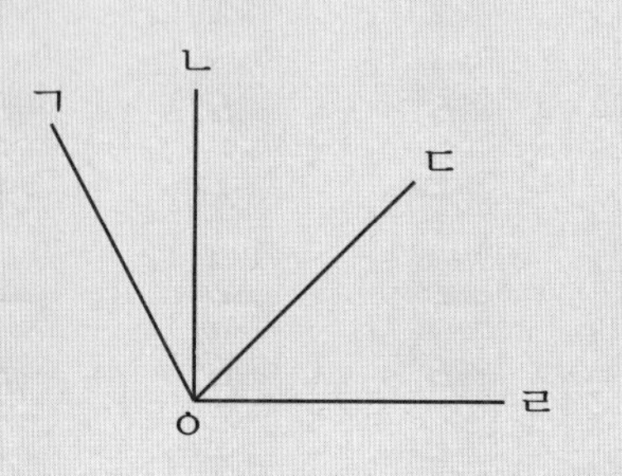

서술 길라잡이 0°보다 크고 직각보다 작은 각을 예각이라고 합니다.

예각은 0°보다 크고 직각보다 작은 각이므로 각 ㄱㅇㄴ, 각 ㄴㅇㄷ, 각 ㄷㅇㄹ, 각 ㄱㅇㄷ이 예각입니다.
따라서 그림에서 찾을 수 있는 크고 작은 예각은 모두 4개입니다.

답 4개

평가 기준			
	그림에서 예각을 모두 찾은 경우	3점	합 5점
	예각은 모두 몇 개인지 바르게 구한 경우	2점	

서술형 완성하기

서술형 풀이를 완성하고 답을 써 보세요.

1 오른쪽 그림에서 찾을 수 있는 크고 작은 예각은 모두 몇 개인지 풀이 과정을 쓰고 답을 구해 보세요.

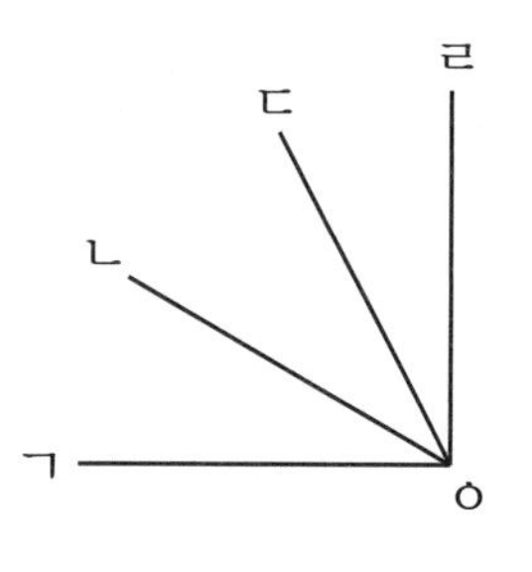

예각은 0°보다 크고 직각보다 작은 각이므로 각 ㄱㅇㄴ, 각 ㄴㅇㄷ,

각 [　　], 각 ㄱㅇㄷ, 각 [　　]이 예각입니다.

따라서 그림에서 찾을 수 있는 크고 작은 예각은 모두 [　]개입니다.

답 ________

2 오른쪽 그림에서 찾을 수 있는 크고 작은 둔각은 모두 몇 개인지 풀이 과정을 쓰고 답을 구해 보세요.

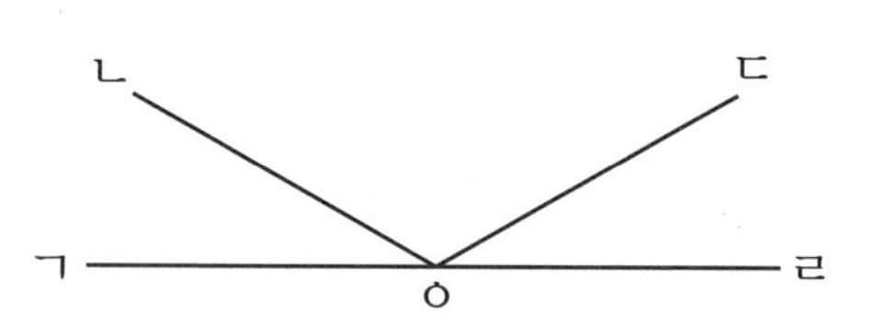

둔각은 직각보다 크고 180°보다 작은 각이므로

각ㄴㅇㄷ, 각 ㄱㅇㄷ, 각 [　　]이 둔각입니다.

따라서 그림에서 찾을 수 있는 크고 작은 둔각은 모두 [　]개입니다.

답 ________

서술형 정복하기

1 오른쪽 그림에서 찾을 수 있는 크고 작은 예각은 모두 몇 개인지 풀이 과정을 쓰고 답을 구해 보세요. (5점)

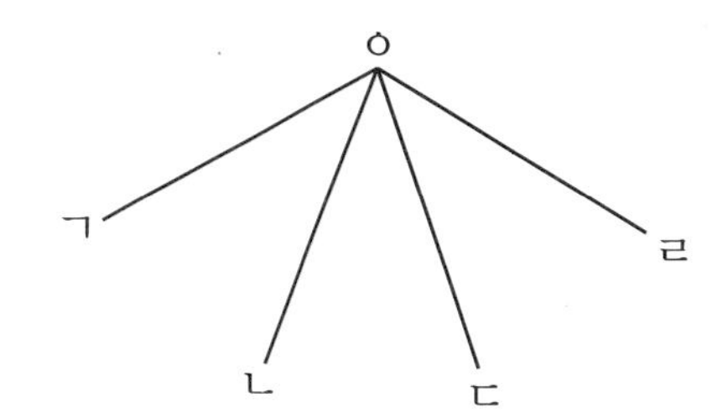

서술 길라잡이	0°보다 크고 직각보다 작은 각을 예각이라고 합니다.

답 ______

2 오른쪽 그림에서 찾을 수 있는 둔각은 예각보다 몇 개 더 많은지 풀이 과정을 쓰고 답을 구해 보세요. (5점)

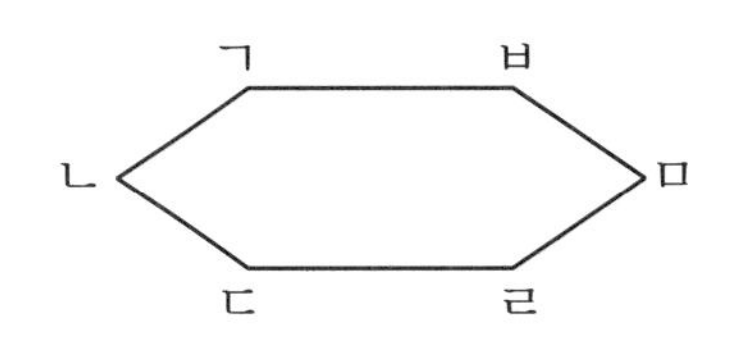

서술 길라잡이	예각은 0°보다 크고 직각보다 작은 각이고, 둔각은 직각보다 크고 180°보다 작은 각입니다.

답 ______

3 오른쪽 그림에서 찾을 수 있는 크고 작은 예각은 크고 작은 둔각보다 몇 개 더 많은지 풀이 과정을 쓰고 답을 구해 보세요. (5점)

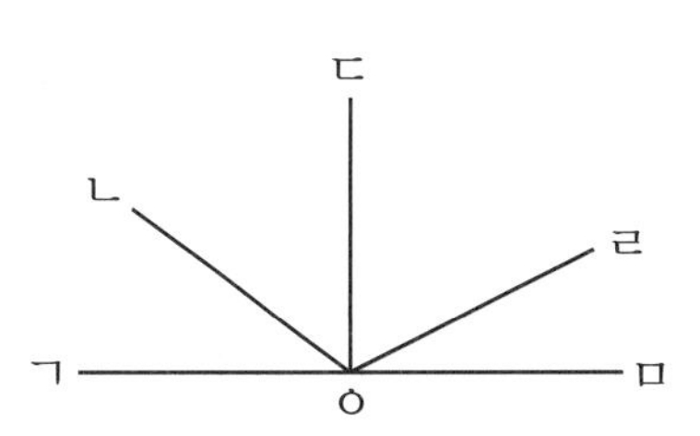

서술 길라잡이	예각은 0°보다 크고 직각보다 작은 각이고, 둔각은 직각보다 크고 180°보다 작은 각입니다.

답 ______

두 각도의 합은 몇 도인지 각도기로 각을 재어 설명해 보세요. (5점)

서술 길라잡이 | 각도를 재어 설명하고, 자연수의 덧셈과 같은 방법으로 계산해 봅니다.

두 각을 각도기로 재어 보면 각각 75°, 30°입니다.
따라서 두 각도의 합은 $75° + 30° = 105°$입니다.

답 105°

평가 기준			
	두각을 모두 바르게 잰 경우	2점	합 5점
	각도의 합을 바르게 계산한 경우	3점	

서술형 완성하기

서술형 풀이를 완성하고 답을 써 보세요.

1 두 각도의 차는 몇 도인지 각도기로 각을 재어 설명해 보세요.

두 각을 각도기로 재어 보면 각각 □°, 50°입니다

따라서 두 각도의 차는 □° − 50° = □°입니다.

답 ____________

2 가장 큰 각과 가장 작은 각을 찾아 두 각도의 합을 계산하려고 합니다. 풀이 과정을 쓰고 답을 구해 보세요.

세 각을 각도기로 재어 보면 가장 큰 각도는 120°, 가장 작은 각도는 □°입니다.

따라서 두 각도의 합은 120° + □° = □°입니다.

답 ____________

서술형 정복하기

1 두 각도의 차는 몇 도인지 각도기로 각을 재어 설명해 보세요. (4점)

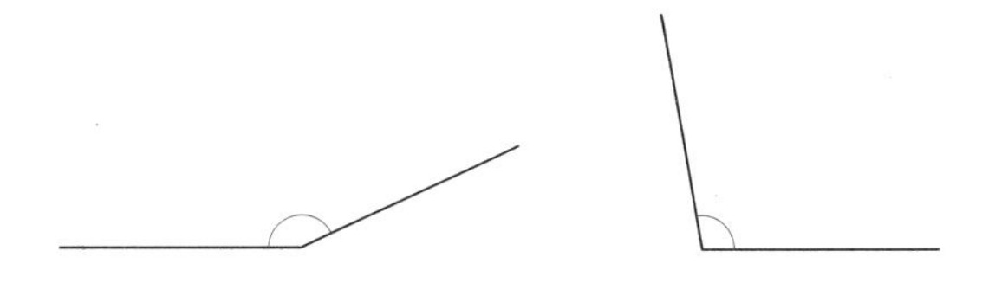

서술 길라잡이 각도를 재어 설명하고, 자연수의 뺄셈과 같은 방법으로 계산해 봅니다.

답

2 가장 큰 각과 가장 작은 각을 찾아 두 각도의 합을 계산하려고 합니다. 풀이 과정을 쓰고 답을 구해 보세요. (5점)

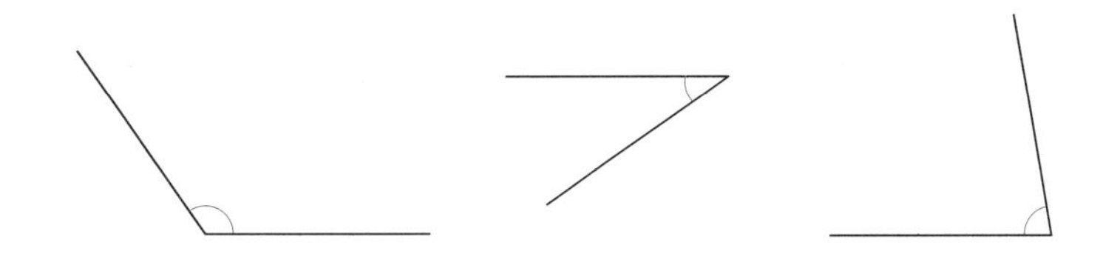

서술 길라잡이 먼저 각도기로 각의 크기를 재어 가장 큰 각도와 가장 작은 각도를 각각 알아봅니다.

답

3 오른쪽 사각형에서 가장 큰 각과 가장 작은 각을 찾아 두 각도의 차를 계산하려고 합니다. 풀이 과정을 쓰고 답을 구해 보세요. (5점)

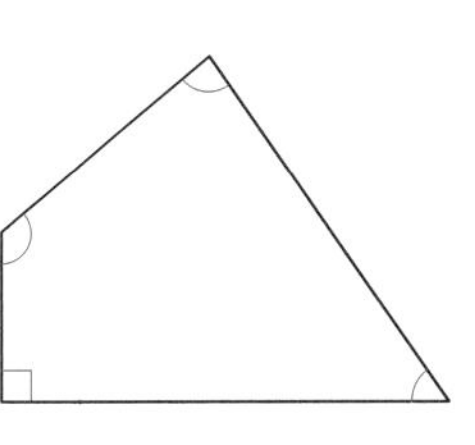

서술 길라잡이 먼저 각도기로 각의 크기를 재어 가장 큰 각도와 가장 작은 각도를 각각 알아봅니다.

답

오른쪽 그림에서 ㉠은 몇 도인지 풀이 과정을 쓰고 답을 구해 보세요. (4점)

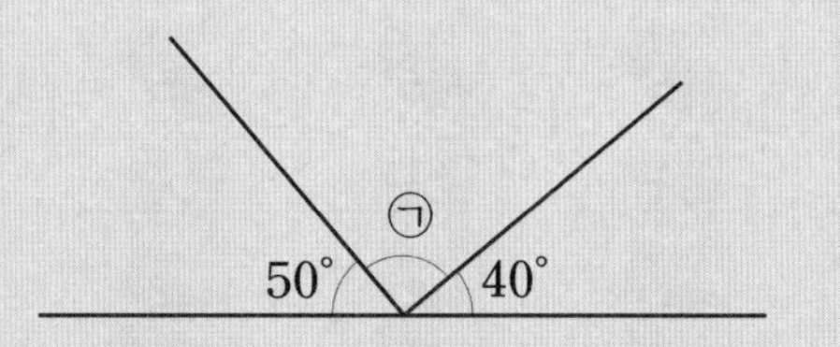

서술 길라잡이 일직선이 이루는 각은 180°입니다.

일직선이 이루는 각의 크기는 180°이고, 50°+40°=90°입니다.
따라서 180°에서 두 각의 합을 빼면 ㉠=180°−90°=90°입니다.

답 90°

평가 기준			
	두 각의 합을 바르게 구한 경우	2점	합 4점
	㉠은 몇 도인지 바르게 구한 경우	2점	

서술형 완성하기

서술형 풀이를 완성하고 답을 써 보세요.

1 오른쪽 그림에서 ㉠은 몇 도인지 풀이 과정을 쓰고 답을 구해 보세요.

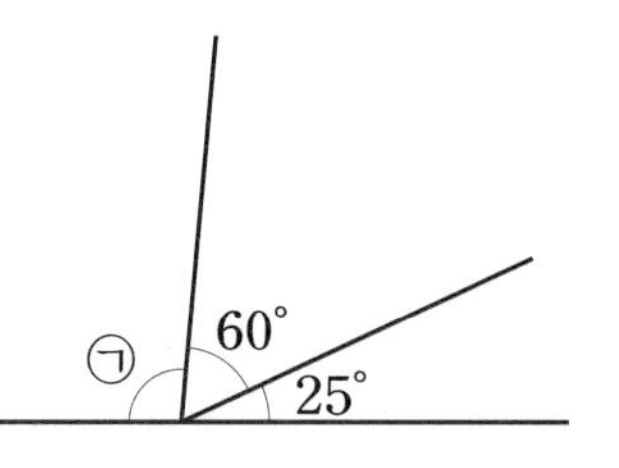

일직선이 이루는 각의 크기는 180°이고 60°+25°=☐°입니다.
따라서 180°에서 두 각의 합을 빼면 180°−☐°=☐°입니다.

답 ______

2 가장 큰 각도와 가장 작은 각도의 합은 얼마인지 풀이과정을 쓰고 답을 구해 보세요.

95°	125°	60°	115°

가장 큰 각도는 125°이고 가장 작은 각도는 ☐°입니다.
따라서 가장 큰 각도와 가장 작은 각도의 합은 125°+☐°=☐°입니다.

답 ______

서술형 정복하기

1 오른쪽 그림에서 ㉠은 몇 도인지 풀이 과정을 쓰고 답을 구해 보세요. (4점)

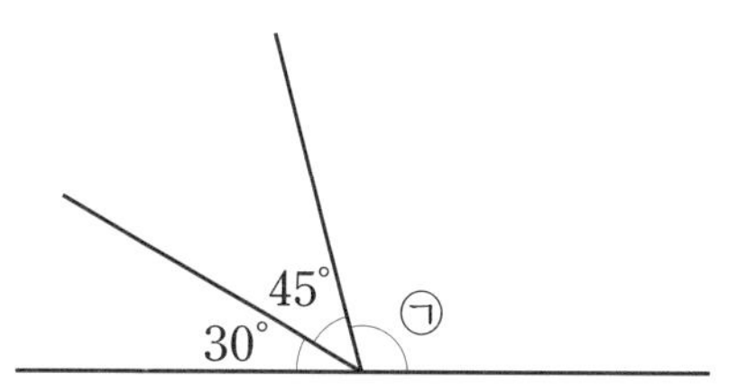

서술 길라잡이 | 일직선이 이루는 각은 180°입니다.

답

2 가장 큰 각도와 가장 작은 각도의 차는 얼마인지 풀이 과정을 쓰고 답을 구해 보세요. (5점)

85°	130°	75°	120°

서술 길라잡이 | 각도의 크기를 비교하여 가장 큰 각도와 가장 작은 각도를 찾아봅니다.

답

3 각도가 가장 큰 것부터 차례로 기호를 쓰려고 합니다. 풀이 과정을 쓰고 답을 구해 보세요. (5점)

㉠ $15°+85°$	㉡ $160°-35°$	㉢ $90°+30°$	㉣ $170°-60°$

서술 길라잡이 | 각도의 합과 차를 각각 계산한 후 크기를 비교해 봅니다.

답

서술형 탐구

오른쪽 도형에서 ㉠은 몇 도인지 풀이 과정을 쓰고 답을 구해 보세요. (5점)

80°, 40°, ㉠

서술 길라잡이 삼각형의 세 각의 크기의 합은 180°임을 이용합니다.

삼각형의 세 각의 크기의 합은 180°이므로 80°+40°+㉠=180°입니다.
따라서 ㉠=180°−120°=60°입니다.

답 60°

평가 기준			
삼각형의 세 각의 크기의 합이 180°임을 알고 식을 쓴 경우	2점	합 5점
㉠의 크기를 구한 경우	3점	

서술형 완성하기

서술형 풀이를 완성하고 답을 써 보세요.

1 오른쪽 도형에서 ㉠은 몇 도인지 풀이 과정을 쓰고 답을 구해 보세요.

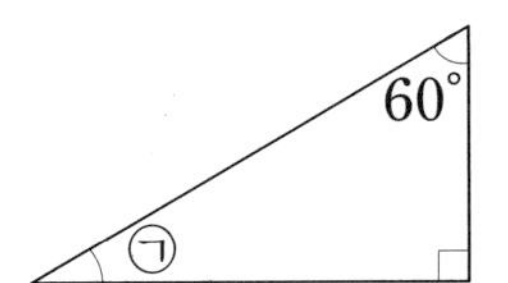

삼각형의 세 각의 크기의 합은 180°이므로 60°+㉠+□°=180°입니다.

따라서 ㉠=180°−□°=□°입니다.

답 ______

2 오른쪽 도형에서 ㉠과 ㉡의 각도의 합은 몇 도인지 풀이 과정을 쓰고 답을 구해 보세요.

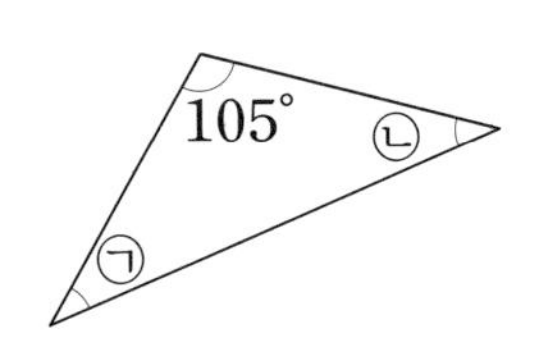

삼각형의 세 각의 크기의 합은 180°이므로 105°+㉠+㉡=180°입니다.
따라서 ㉠+㉡=180°−□°=□°입니다.

답 ______

서술형 정복하기

1 오른쪽 도형에서 ㉠은 몇 도인지 풀이 과정을 쓰고 답을 구해 보세요. (5점)

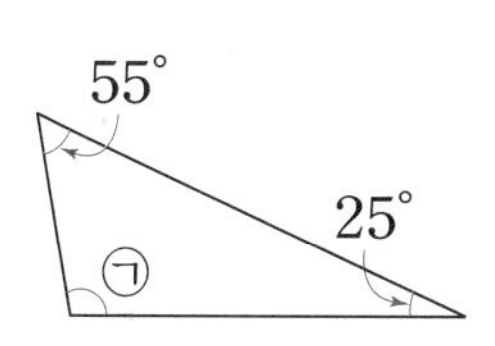

서술 길라잡이 | 삼각형의 세 각 55°, ㉠, 25°의 합을 식으로 나타내어 봅니다.

답 ______

2 오른쪽 그림과 같이 삼각형 모양의 종이가 찢어졌습니다. 종이의 찢어진 부분에 있는 삼각형의 나머지 한 각의 크기는 몇 도인지 풀이 과정을 쓰고 답을 구해 보세요. (5점)

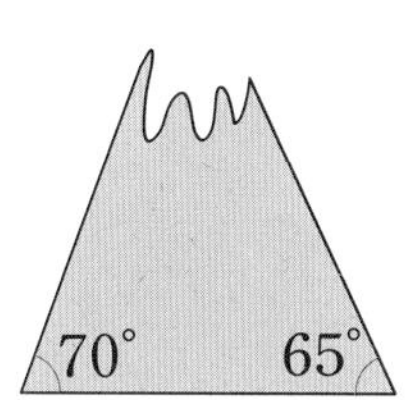

서술 길라잡이 | 삼각형의 세 각의 크기의 합을 이용합니다.

답 ______

3 오른쪽 도형에서 ㉠과 ㉡의 각도의 합은 몇 도인지 풀이 과정을 쓰고 답을 구해 보세요. (6점)

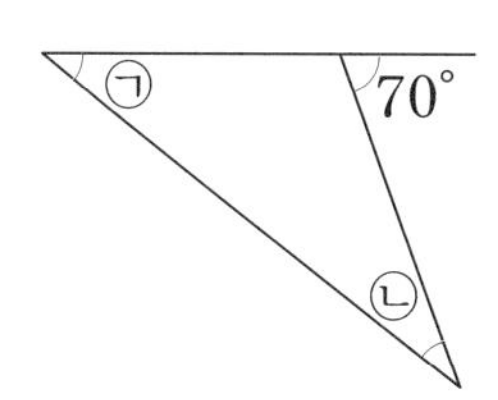

서술 길라잡이 | 먼저 일직선이 이루는 각도를 이용하여 ㉠, ㉡을 제외한 삼각형의 나머지 한 각의 크기를 구합니다.

답 ______

서술형 탐구

오른쪽 도형에서 ㉠은 몇 도인지 풀이 과정을 쓰고 답을 구해 보세요. (5점)

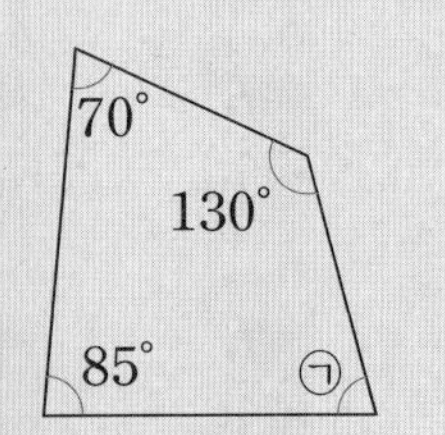

서술 길라잡이 사각형의 네 각의 크기의 합은 360°임을 이용합니다.

사각형의 네 각의 크기의 합은 360°이므로 70°+85°+㉠+130°=360°입니다.
따라서 ㉠=360°−285°=75°입니다.

답 75°

평가 기준			
사각형의 네 각의 크기의 합이 360°임을 알고 식을 쓴 경우	2점	합 5점
㉠의 크기를 구한 경우	3점	

서술형 완성하기

서술형 풀이를 완성하고 답을 써 보세요.

1 오른쪽 도형에서 ㉠은 몇 도인지 풀이 과정을 쓰고 답을 구해 보세요.

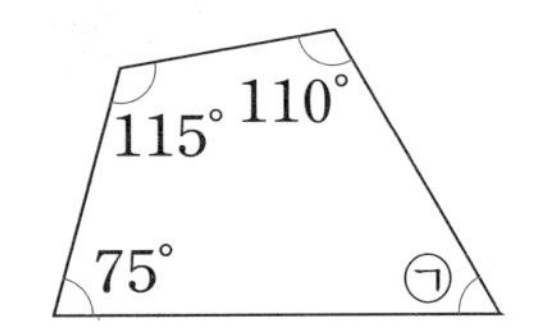

사각형의 네 각의 크기의 합은 □°이므로
115°+75°+㉠+110°=□°입니다.
따라서 ㉠=□°−300°=□°입니다.

답 ______

2 오른쪽 도형에서 ㉠과 ㉡의 각도의 합은 몇 도인지 풀이 과정을 쓰고 답을 구해 보세요.

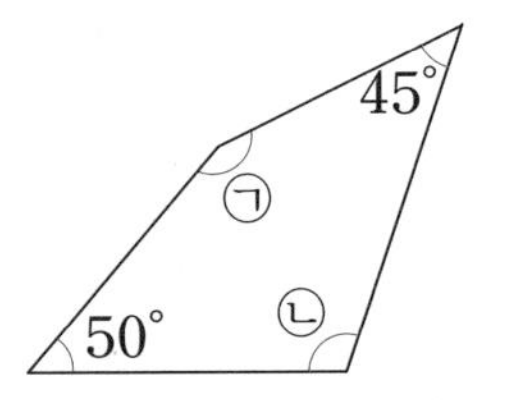

사각형의 네 각의 크기의 합은 □°이므로
㉠+50°+㉡+45°=□°입니다.
따라서 ㉠+㉡=□°−95°=□°입니다.

답 ______

서술형 정복하기

1 오른쪽 도형에서 ㉠은 몇 도인지 풀이 과정을 쓰고 답을 구해 보세요. (5점)

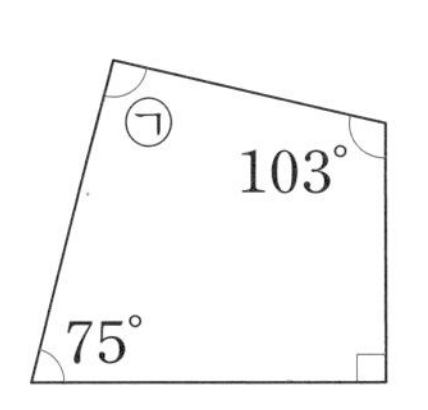

서술 길라잡이 | 사각형의 네 각의 크기의 합과 주어진 세 각을 이용하여 나머지 한 각의 크기를 구합니다.

답

2 오른쪽 도형에서 ㉠과 ㉡의 각도의 합은 몇 도인지 풀이 과정을 쓰고 답을 구해 보세요. (5점)

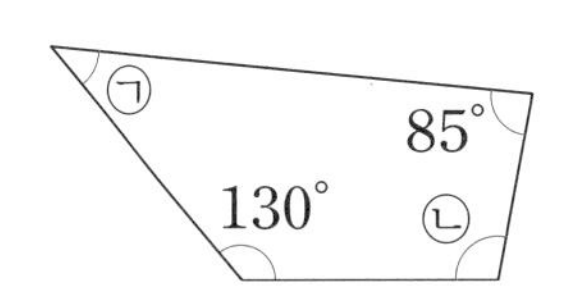

서술 길라잡이 | 사각형의 네 각의 크기의 합을 이용합니다.

답

3 오른쪽 도형에서 ㉠은 몇 도인지 풀이 과정을 쓰고 답을 구해 보세요. (6점)

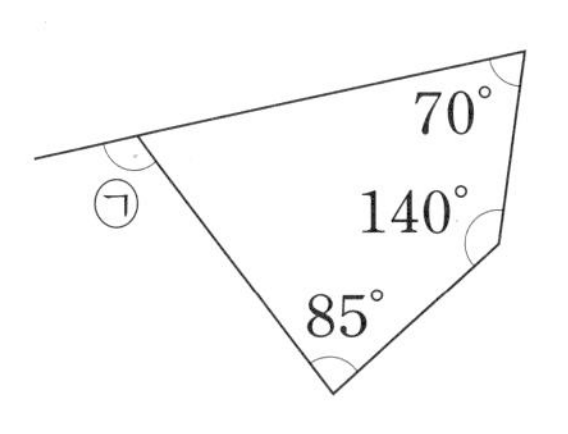

서술 길라잡이 | 사각형의 네 각의 크기의 합과 일직선이 이루는 각도를 이용합니다.

답

서술형 탐구

7. 종이를 접었을 때 만들어지는 각도 구하기

오른쪽 그림과 같이 직사각형 모양의 종이를 접었을 때, ㉠, ㉡, ㉢의 각도는 각각 몇 도인지 풀이 과정을 쓰고 답을 구해 보세요. (4점)

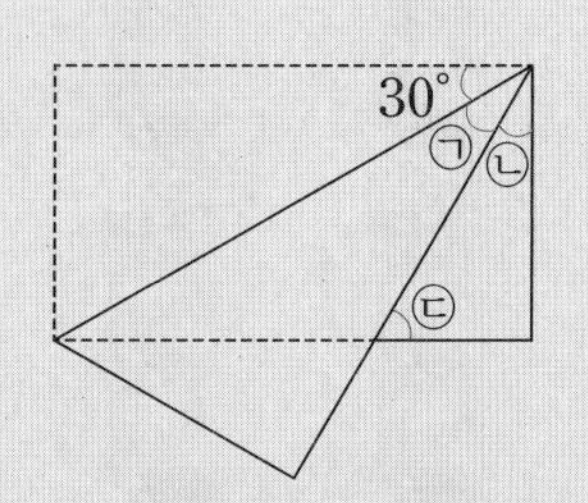

서술 길라잡이 종이를 접은 부분의 각도는 같습니다.

종이를 접은 부분의 각도는 같으므로 ㉠$=30°$입니다.
$30°+30°+$㉡$=90°$에서 ㉡$=90°-60°=30°$입니다.
삼각형 세 각의 크기의 합은 $180°$이므로 $30°+$㉢$+90°=180°$에서
㉢$=180°-120°=60°$입니다.

답 ㉠$=30°$, ㉡$=30°$, ㉢$=60°$

평가 기준			
	㉠, ㉡의 각도를 바르게 구한 경우	2점	합 4점
	㉢의 각도를 바르게 구한 경우	2점	

서술형 완성하기

서술형 풀이를 완성하고 답을 써 보세요.

1 오른쪽 그림과 같이 직사각형 모양의 종이를 접었을 때, ㉠, ㉡, ㉢, ㉣의 각도는 각각 몇 도인지 풀이 과정을 쓰고 답을 구해 보세요.

종이를 접은 부분의 각도는 같으므로 ㉠$=$□$°$

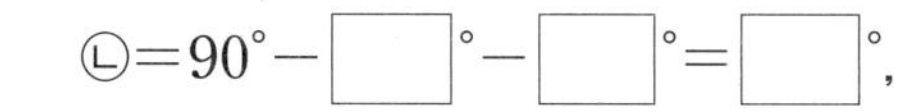

㉡$=90°-$□$°-$□$°=$□$°$,

삼각형의 세 각의 크기의 합은 □$°$이므로 ㉢$=180°-$□$°-$□$°=$□$°$

직선이 이루는 각도는 $180°$이므로 ㉣$=180°-$□$°=$□$°$입니다.

답 ____________________

2 오른쪽 그림과 같이 직사각형 모양의 종이를 접었을 때 ㉠, ㉡, ㉢의 각도는 각각 몇 도인지 풀이 과정을 쓰고 답을 구해 보세요.

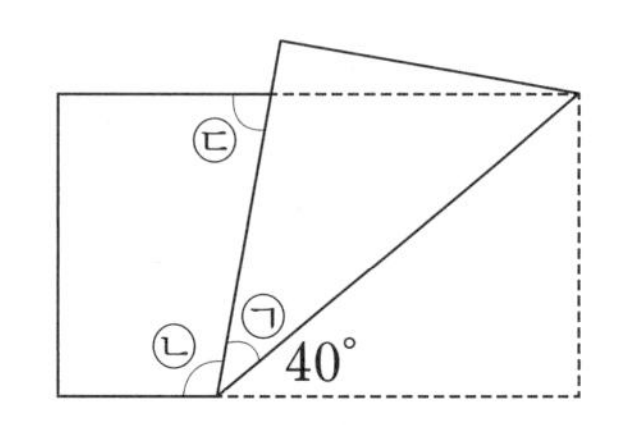

종이를 접은 부분의 각도는 같으므로 ㉠$=$□$°$

직선이 이루는 각도는 □$°$이므로 ㉡$=$□$°-$□$°-$□$°=$□$°$입니다.

사각형의 네 각의 크기의 합은 □$°$이므로 ㉢$=$□$°-90°-90°-$□$°=$□$°$입니다.

답 ____________________

서술형 정복하기

1 직사각형 모양의 종이를 오른쪽 그림과 같이 접었을 때 ㉠과 ㉡의 각도는 각각 몇 도인지 풀이 과정을 쓰고 답을 구해 보세요. (4점)

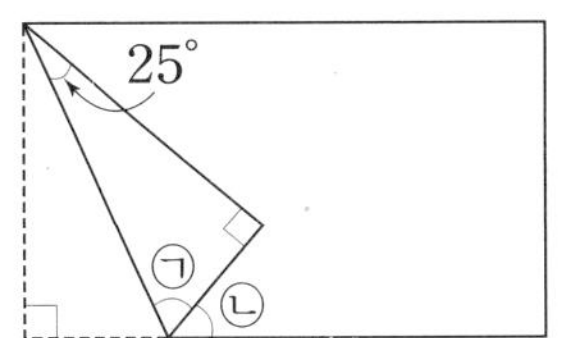

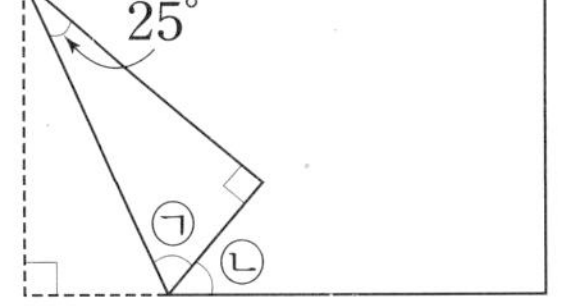

서술 길라잡이 종이를 접은 부분의 각도는 같고 삼각형 세 각의 크기의 합은 180°입니다.

답

2 직사각형 모양의 종이를 오른쪽 그림과 같이 접었을 때 ㉠과 ㉡의 각도는 각각 몇 도인지 풀이 과정을 쓰고 답을 구해 보세요. (4점)

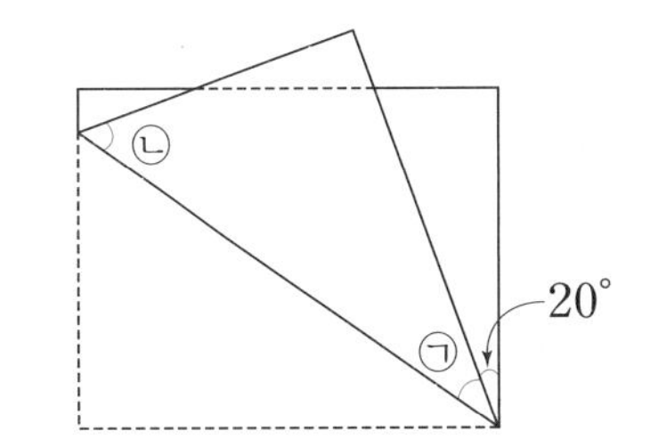

서술 길라잡이 종이를 접은 부분의 각도는 같고 삼각형 세 각의 크기의 합은 180°입니다.

답

3 직사각형 모양의 종이를 오른쪽 그림과 같이 접었을 때 ㉠의 각도는 몇 도인지 풀이 과정을 쓰고 답을 구해 보세요. (4점)

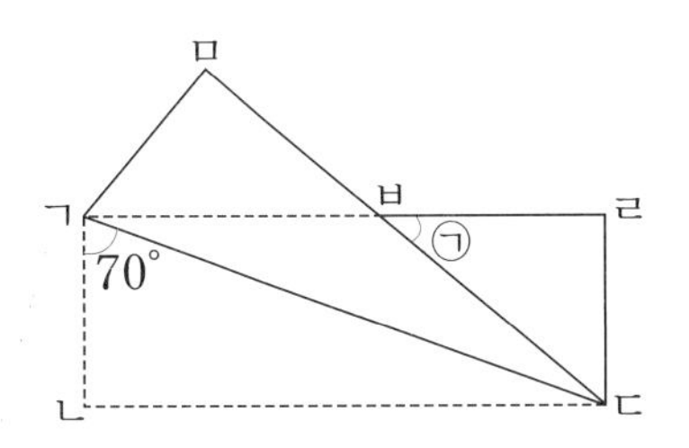

서술 길라잡이 종이를 접은 부분의 각도는 같고, 삼각형의 세 각의 크기의 합은 180°입니다.

답

실전! 서술형

1 각도를 잘못 읽은 것을 찾아 기호를 쓰고, 그 이유를 설명해 보세요. (4점)

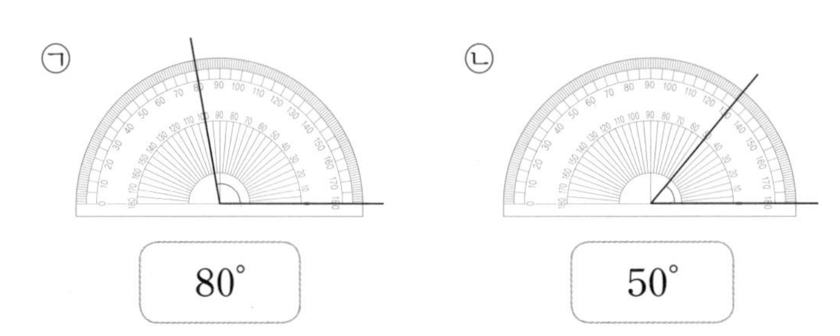

서술 길라잡이 각의 방향에 알맞은 각도기의 눈금을 읽었는지 알아봅니다.

답 ________

2 오른쪽 그림에서 찾을 수 있는 크고 작은 예각은 모두 몇 개인지 풀이 과정을 쓰고 답을 구해 보세요. (5점)

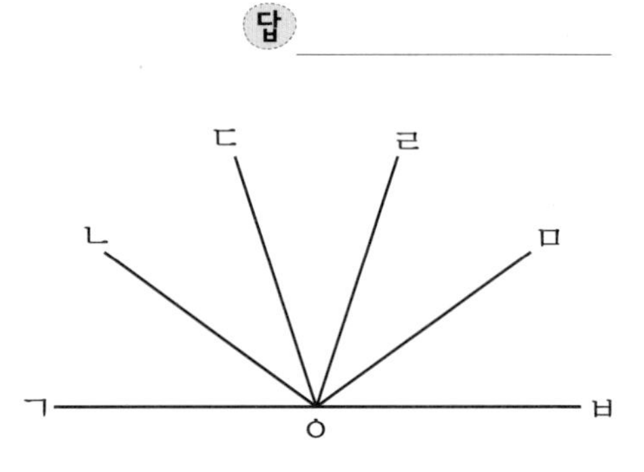

서술 길라잡이 0°보다 크고 직각보다 작은 각을 예각이라고 합니다.

답 ________

3 두 각도의 합과 차는 각각 몇 도인지 각도기로 각을 재어 설명해 보세요. (5점)

서술 길라잡이 각도의 합과 차는 자연수의 덧셈과 뺄셈과 같은 방법으로 계산합니다.

답 ________

4 가장 큰 각도와 가장 작은 각도의 합과 차는 각각 얼마인지 풀이 과정을 쓰고 답을 구해 보세요. (5점)

115°	40°	120°	85°

서술 길라잡이 | 각도의 크기를 비교하여 가장 큰 각도와 가장 작은 각도를 찾아봅니다.

답 ______________

5 오른쪽 도형에서 ㉠은 몇 도인지 풀이 과정을 쓰고 답을 구해 보세요. (5점)

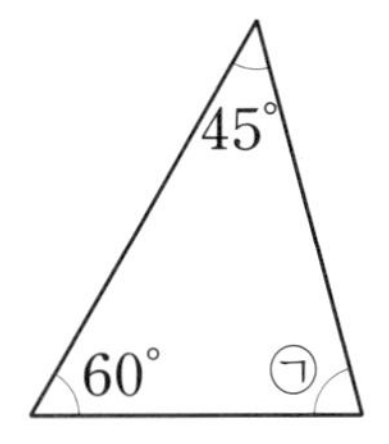

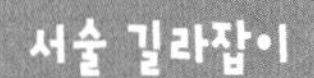

삼각형의 세 각의 크기의 합은 180°입니다.

답 ______________

6 도형에서 ㉠은 몇 도인지 풀이 과정을 쓰고 답을 구해 보세요. (6점)

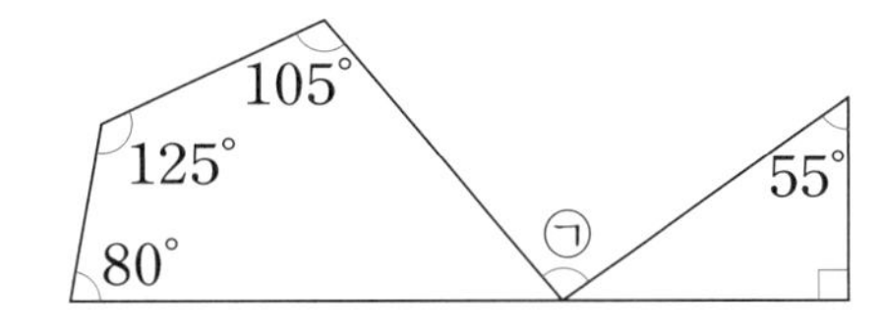

서술 길라잡이 | 먼저 사각형과 삼각형의 나머지 한 각의 크기를 각각 구합니다.

답 ______________

재미있는 미로찾기

보글보글~ 물고기 미로를 탈출해요!!

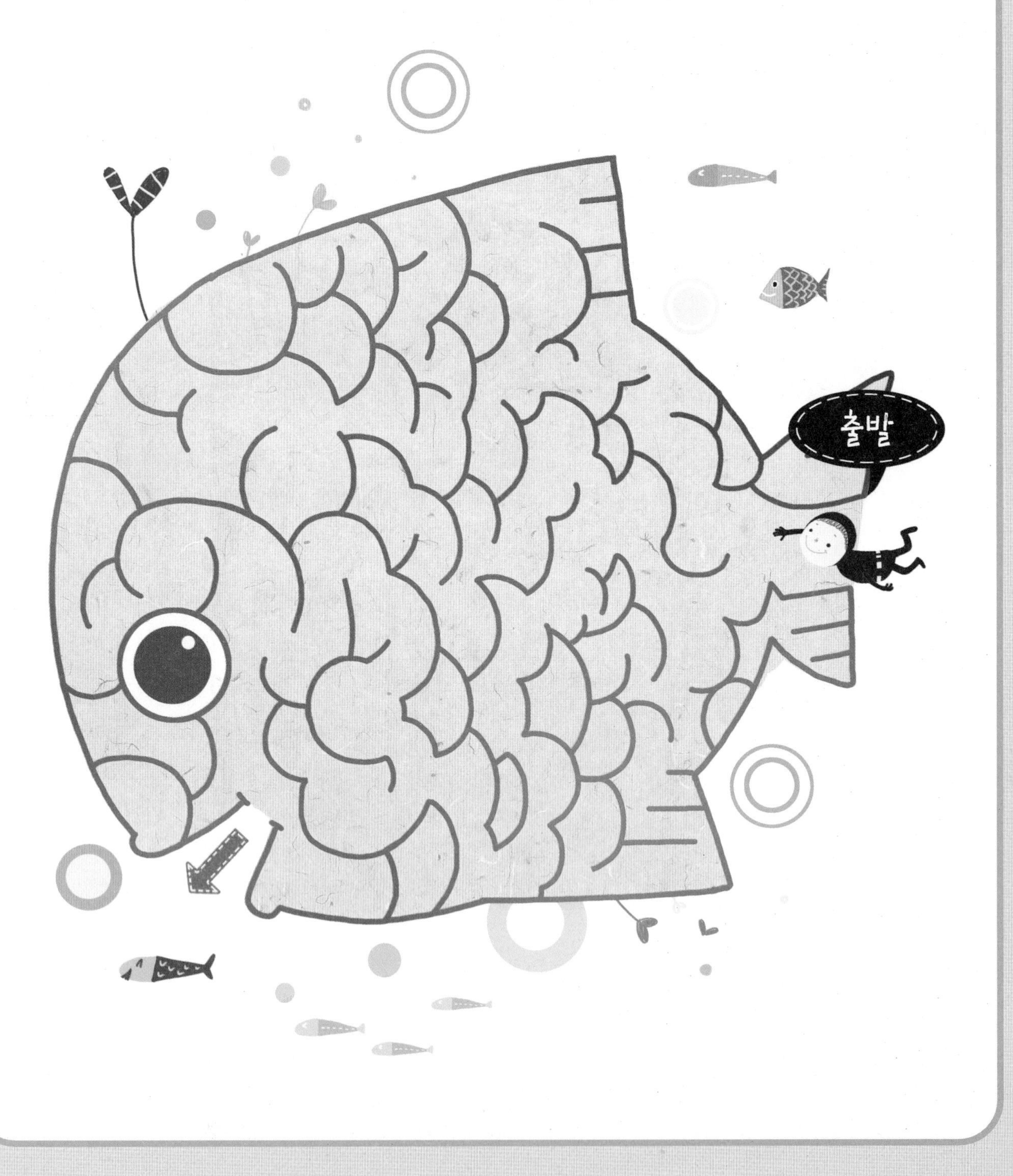

3 곱셈과 나눗셈

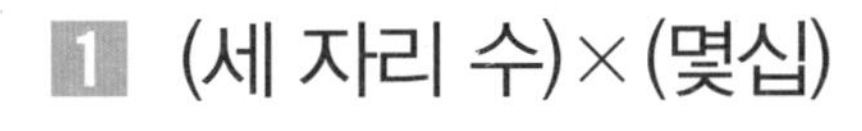

1 (세 자리 수)×(몇십)

2 (세 자리 수)×(몇십몇)

3 몫과 나머지 구하기

4 몫과 나머지를 이용하여 세 자리 수 구하기

5 바르게 계산한 값 구하기

6 몫이 가장 큰 나눗셈식 만들기

귤이 한 상자에 40개씩 들어 있습니다. 100상자에 들어 있는 귤은 모두 몇 개인지 풀이 과정을 쓰고 답을 구해 보세요. (5점)

서술 길라잡이 40개씩 100상자이므로 40의 100배를 알아보는 식을 세웁니다.

(100상자에 들어 있는 귤 수)=(한 상자에 들어 있는 귤 수)$\times$100

$=40\times100=4000$(개)

따라서 100상자에 들어 있는 귤은 모두 4000개입니다.

답 4000개

평가 기준			
	문제 상황에 맞도록 알맞은 계산식을 세운 경우	3점	합 5점
	바르게 계산하여 답을 구한 경우	2점	

서술형 완성하기

서술형 풀이를 완성하고 답을 써 보세요.

1 운동장에 모인 학생 50명에게 800원짜리 아이스크림을 한 개씩 나누어 주려고 합니다. 800원짜리 아이스크림 50개의 값은 얼마인지 풀이 과정을 쓰고 답을 구해 보세요.

(아이스크림 50개의 값)=(아이스크림 한 개의 값)$\times$50

$=800\times50=$ ☐ (원)

따라서 아이스크림 50개의 값은 ☐ 원입니다.

답 ______

2 하루에 320 km씩 달리는 기차가 있습니다. 이 기차가 70일 동안 달리면 모두 몇 km를 달리게 되는지 풀이 과정을 쓰고 답을 구해 보세요.

(70일 동안 달리는 거리)=(하루에 달리는 거리)$\times$70

$=320\times70=$ ☐ (km)

따라서 기차가 70일 동안 달리면 모두 ☐ km를 달리게 됩니다.

답 ______

서술형 정복하기

1 어느 문구 도매상에서 공책을 한 상자에 800권씩 넣어서 포장하였습니다. 20상자에 들어 있는 공책은 모두 몇 권인지 풀이 과정을 쓰고 답을 구해 보세요. (5점)

서술 길라잡이 (몇백)×(몇십)을 알아보는 식을 세웁니다.

답

2 동민이는 하루에 850원씩 저금통에 저금을 하였습니다. 동민이가 30일 동안 저금통에 저금한 금액은 모두 얼마인지 풀이 과정을 쓰고 답을 구해 보세요. (5점)

서술 길라잡이 (몇백몇십)×(몇십)을 알아보는 식을 세웁니다.

답

3 돼지 저금통을 열었더니 50원짜리 동전 200개와 500원짜리 동전 60개가 나왔습니다. 돼지 저금통 안에 들어 있던 돈은 모두 얼마인지 풀이 과정을 쓰고 답을 구해 보세요. (6점)

서술 길라잡이 50원짜리 동전 금액과 500원짜리 동전 금액을 각각 알아본 후, 두 금액의 합을 구합니다.

답

어느 공장에서 컴퓨터를 하루에 75대씩 생산한다고 합니다. 1년을 365일로 계산한다면 이 공장에서 1년 동안 생산하는 컴퓨터는 모두 몇 대가 되는지 풀이 과정을 쓰고 답을 구해 보세요. (5점)

서술 길라잡이 하루에 75대씩 365일이므로 75의 365배를 알아보는 식을 세웁니다.

(1년 동안 생산하는 컴퓨터 수)=(하루에 생산하는 컴퓨터 수)×365

=75×365=27375(대)

따라서 1년 동안 생산하는 컴퓨터는 모두 27375대입니다.

답 27375대

평가 기준			
	문제 상황에 맞도록 알맞은 계산식을 세운 경우	3점	합 5점
	바르게 계산하여 답을 구한 경우	2점	

서술형 완성하기

서술형 풀이를 완성하고 답을 써 보세요.

1 효근이네 과일 가게에서는 방울토마토를 한 상자에 517개씩 담아 포장하였습니다. 포장된 상자가 23상자이고 남은 것이 없다면 방울토마토는 모두 몇 개인지 풀이 과정을 쓰고 답을 구해 보세요.

(23상자에 들어 있는 방울토마토 수)=(한 상자에 들어 있는 방울토마토 수)×23

=517×23=☐(개)

따라서 방울토마토는 모두 ☐개입니다.

답 ______

2 공책 1권을 팔면 이익이 258원이라고 합니다. 공책 45권을 팔면 이익은 모두 얼마인지 풀이 과정을 쓰고 답을 구해 보세요.

(공책 45권을 팔았을 때의 이익)

=(공책 1권을 팔았을 때의 이익)×45

=258×45=☐(원)

따라서 공책 45권을 팔면 이익은 모두 ☐원입니다.

답 ______

서술형 정복하기

1 달걀 한 개의 무게는 약 55 g이라고 합니다. 예슬이네 양계장에서 하루에 달걀 268개가 생산된다면 예슬이네 양계장에서 하루에 생산되는 달걀의 무게는 약 몇 g인지 풀이 과정을 쓰고 답을 구해 보세요. (5점)

서술 길라잡이 (두 자리 수)×(세 자리 수)의 식을 세웁니다.

답

2 한별이는 한 개에 550원인 아이스크림을 12개 사고 10000원을 냈습니다. 거스름돈으로 얼마를 받아야 하는지 풀이 과정을 쓰고 답을 구해 보세요. (5점)

서술 길라잡이 낸 돈에서 물건값을 뺀 나머지를 거스름돈으로 받습니다.

답

3 영수네 학교 학생들이 종이접기를 하였습니다. 남학생 23명은 종이배를 각각 116개씩 접고 여학생 18명은 종이학을 각각 124개씩 접었습니다. 종이배와 종이학 중에서 어느 것을 더 많이 접었는지 풀이 과정을 쓰고 답을 구해 보세요. (6점)

서술 길라잡이 남학생들이 접은 종이배의 수와 여학생들이 접은 종이학의 수를 각각 알아본 후, 그 개수를 비교합니다.

답

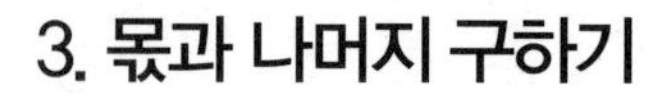

동민이는 구슬 94개를 한 봉지에 27개씩 나누어 담으려고 합니다. 몇 봉지가 되고 몇 개가 남는지 풀이 과정을 쓰고 답을 구해 보세요.
(5점)

서술 길라잡이 문제 상황에 알맞은 나눗셈식을 만들어 몫과 나머지를 구합니다.

(전체 구슬의 수)÷(한 봉지에 담을 구슬의 수)
$=94 \div 27=3 \cdots 13$
따라서 구슬은 3봉지가 되고 13개가 남습니다.

답 3봉지, 13개

평가 기준		
알맞은 나눗셈식을 세워 몫과 나머지를 구한 경우	3점	합 5점
봉지 수와 남는 구슬 수를 바르게 구한 경우	2점	

서술형 완성하기

서술형 풀이를 완성하고 답을 써 보세요.

1 석기네 학교 4학년 학생 288명이 한 줄에 40명씩 줄을 서려고 합니다. 40명씩 서게 되는 줄은 몇 줄이 되고 몇 명이 남는지 풀이 과정을 쓰고 답을 구해 보세요.

(4학년 전체 학생 수)÷(한 줄에 서는 학생 수)

$=288 \div 40=\square \cdots \square$

따라서 줄을 선 학생은 □줄이 되고 □명이 남습니다.

답

2 웅이는 쿠키 72개를 한 상자에 16개씩 나누어 담고 남은 것은 다 먹었습니다. 웅이가 먹은 쿠키는 몇 개인지 풀이 과정을 쓰고 답을 구해 보세요.

(전체 쿠키의 수)÷(한 상자에 담은 쿠키의 수)

$=72 \div 16=\square \cdots \square$

따라서 □상자에 담고 □개가 남으므로 웅이가 먹은 쿠키는 □개입니다.

답

서술형 정복하기

1 지혜는 길이가 395 cm인 색 테이프를 한 도막이 48 cm가 되도록 잘라 리본을 만들려고 합니다. 리본을 몇 개까지 만들 수 있고, 남은 색 테이프의 길이는 몇 cm인지 풀이 과정을 쓰고 답을 구해 보세요. (4점)

서술 길라잡이 문제 상황에 알맞은 나눗셈식을 만들어 몫과 나머지를 구합니다.

답

2 장미 266송이를 한 다발에 24송이씩 묶어 몇 다발을 만들고 남은 장미는 모두 말려서 보관하려고 합니다. 말려서 보관하는 장미는 몇 송이인지 풀이 과정을 쓰고 답을 구해 보세요. (5점)

서술 길라잡이 먼저 나눗셈식을 만들어 다발을 몇 개 만들 수 있고 남은 장미는 몇 송이인지 알아봅니다.

답

3 학생들이 체험 학습장에서 캔 감자 375개를 상자에 담으려고 합니다. 감자를 한 상자에 40개까지 담을 수 있을 때, 감자를 모두 담으려면 상자는 적어도 몇 개 필요한지 풀이 과정을 쓰고 답을 구해 보세요. (6점)

서술 길라잡이 모두 담으려면 40개씩 담고 남은 감자를 담을 상자가 1개 더 필요합니다.

답

4. 몫과 나머지를 이용하여 세 자리 수 구하기

어떤 세 자리 수를 25로 나누었더니 몫이 7이고 나머지가 있었습니다. 어떤 세 자리 수가 될 수 있는 수 중 가장 작은 수와 가장 큰 수는 얼마인지 풀이 과정을 쓰고 답을 구해 보세요. (6점)

서술 길라잡이 나머지가 될 수 있는 수를 구합니다.

25로 나누었을 때 나누어떨어지지 않을 경우 나머지가 될 수 있는 수는 1부터 24까지입니다.
따라서 어떤 세 자리 수가 될 수 있는 수 중 가장 작은 수는 (세 자리 수)$\div 25=7 \cdots 1$에서
$25\times7=175$, $175+1=176$입니다.
또 가장 큰 세 자리 수는 (세 자리 수)$\div 25=7 \cdots 24$에서 $25\times7=175$, $175+24=199$입니다.

답 가장 작은 수: 176, 가장 큰 수: 199

평가 기준			
평가 기준	나올수 있는 나머지의 범위를 설명한 경우	2점	합 6점
	가장 작은 세 자리 수를 구한 경우	2점	
	가장 큰 세 자리 수를 구한 경우	2점	

서술형 완성하기

서술형 풀이를 완성하고 답을 써 보세요.

1 어떤 세 자리 수를 24로 나누었더니 몫이 16이고 나머지가 있었습니다. 어떤 세 자리 수가 될 수 있는 수 중 두 번째로 큰 수는 얼마인지 풀이 과정을 쓰고 답을 구해 보세요.

24로 나누었을 때 나누어떨어지지 않을 경우 나머지가 될 수 있는 수는 □부터 □까지입니다. 따라서 어떤 세 자리 수가 될 수 있는 수 중 두 번째로 큰 수는 나머지가 □일 때이고 (세 자리 수)$\div 24=16 \cdots$ □에서 $24\times$□=□, □+□=□입니다.

답 ____________

2 어떤 세 자리 수를 16으로 나누었더니 몫이 9이고 나머지가 있었습니다. 어떤 세 자리 수가 될 수 있는 수 중 두 번째로 큰 수와 세 번째로 작은 수의 합은 얼마인지 풀이 과정을 쓰고 답을 구해 보세요.

16으로 나누었을 때 나누어떨어지지 않을 경우 나머지가 될 수 있는 수는 □부터 □까지입니다. 따라서 어떤 세 자리 수가 될 수 있는 수 중 두 번째로 큰 수는 나머지가 □일 때이고 (세 자리 수)$\div 16=9 \cdots$ □에서 $16\times$□=□, □+□=□입니다.
또 세 번째로 작은 수는 나머지가 3일 때이고 (세 자리 수)$\div 16=9 \cdots$ □에서
$16\times$□=□, □+□=□입니다. 따라서 두 번째로 큰 수와 세 번째로 작은 수의 합은 □+□=□입니다.

답 ____________

서술형 정복하기

1 어떤 세 자리 수를 27로 나누었더니 몫이 9이고 나머지가 있었습니다. 어떤 세 자리 수가 될 수 있는 수 중 가장 큰 수는 얼마인지 풀이 과정을 쓰고 답을 구해 보세요. (5점)

서술 길라잡이 나머지가 될 수 있는 수를 알아봅니다.

답 ____________

2 300보다 큰 어떤 세 자리 수를 19로 나누었더니 나머지가 11이었습니다. 어떤 세 자리 수가 될 수 있는 수 중 가장 작은 수는 얼마인지 풀이 과정을 쓰고 답을 구해 보세요. (6점)

서술 길라잡이 몫이 될 수 있는 수를 알아봅니다.

답 ____________

3 어떤 세 자리 수를 31로 나누었을 때 나머지가 가장 크게 되는 수 중에서 450에 가장 가까운 수는 얼마인지 풀이 과정을 쓰고 답을 구해 보세요. (6점)

서술 길라잡이 나머지가 가장 크게 되는 수를 알아봅니다.

답 ____________

서술형 탐구

어떤 수에 28을 곱해야 하는데 잘못하여 나누었더니 몫이 6이고 나머지가 11이었습니다. 바르게 계산하면 얼마인지 풀이 과정을 쓰고 답을 구해 보세요. (5점)

서술 길라잡이 먼저 잘못 계산한 식을 만들어 어떤 수를 구합니다.

어떤 수를 □라고 하면 □$\div 28 = 6 \cdots 11$이고
$28 \times 6 = 168$, $168 + 11 =$□, □$= 179$입니다.
따라서 바르게 계산하면 $179 \times 28 = 5012$입니다.

답 5012

평가 기준			
평가 기준	어떤 수를 구한 경우	3점	합 5점
	바르게 계산한 값을 구한 경우	2점	

서술형 완성하기

서술형 풀이를 완성하고 답을 써 보세요.

1 어떤 수를 75로 나누어야 하는데 잘못하여 57로 나누었더니 몫이 8이고 나머지가 32였습니다. 바르게 계산하면 몫과 나머지는 각각 얼마인지 풀이 과정을 쓰고 답을 구해 보세요.

어떤 수를 ■라고 하면 ■$\div 57 = 8 \cdots 32$이고 $57 \times 8 =$ ☐, ☐ $+ 32 =$ ■, ■$=$ ☐ 입니다.

따라서 바르게 계산하면 ☐ $\div 75 =$ ☐ $\cdots$ ☐ 이므로 몫은 ☐, 나머지는 ☐ 입니다.

답 ____________

2 63을 어떤 수로 나누고 17을 곱해야 하는데 잘못하여 63에 어떤 수를 곱하고 17로 나누었더니 몫이 33이고 나머지가 6이었습니다. 바르게 계산하면 얼마인지 풀이 과정을 쓰고 답을 구해 보세요.

어떤 수를 ■라고 하면 $63 \times$ ■$\div 17 = 33 \cdots 6$입니다.
$63 \times$ ■를 ★이라 하여 나타내면 ★$\div 17 = 33 \cdots 6$이고 $17 \times 33 = 561$, $561 + 6 =$ ★,
★$=$ ☐ 이므로 $63 \times$ ■$=$ ☐, ■$=$ ☐ 입니다.
따라서 바르게 계산하면 $63 \div$ ☐ $=$ ☐, ☐ $\times 17 =$ ☐ 입니다.

답 ____________

서술형 정복하기

1 992에 어떤 수를 곱해야 하는데 잘못하여 나누었더니 몫이 13이고 나머지가 56이었습니다. 바르게 계산하면 얼마인지 풀이 과정을 쓰고 답을 구해 보세요. (5점)

서술 길라잡이 먼저 잘못 계산한 식을 만들어 어떤 수를 구합니다.

답 ______________

2 어떤 수를 27로 나누어야 하는데 잘못하여 72로 나누었더니 몫이 11이고 나머지가 45였습니다. 바르게 계산하면 몫은 얼마인지 풀이 과정을 쓰고 답을 구해 보세요. (6점)

서술 길라잡이 먼저 잘못 계산한 식을 만들어 어떤 수를 구합니다.

답 ______________

3 81을 어떤 수로 나누고 95를 곱해야 하는데 잘못하여 81에 어떤 수를 곱하고 95로 나누었더니 몫이 7이고 나머지가 64였습니다. 바르게 계산하면 얼마인지 풀이 과정을 쓰고 답을 구해 보세요. (6점)

서술 길라잡이 먼저 잘못 계산한 식을 만들어 어떤 수를 구합니다.

답 ______________

6. 몫이 가장 큰 나눗셈식 만들기

숫자 카드를 모두 사용하여 몫이 가장 큰 (두 자리 수)÷(두 자리 수)를 만들어 몫과 나머지를 구하려고 합니다. 풀이 과정을 쓰고 답을 구해 보세요. (6점)

0 2 4 6

서술 길라잡이 나누어지는 수가 클수록, 나누는 수가 작을수록 몫은 커집니다.

몫이 가장 크려면 가장 큰 두 자리 수를 가장 작은 두 자리 수로 나누면 됩니다.
주어진 숫자 카드로 만들 수 있는 가장 큰 두 자리 수는 64이고, 가장 작은 두 자리 수는 20이므로 $64 \div 20 = 3 \cdots 4$입니다.

답 몫: 3, 나머지: 4

평가 기준			
	몫이 가장 큰 나눗셈식을 바르게 만든 경우	4점	합 6점
	만든 나눗셈식의 몫과 나머지를 바르게 구한 경우	2점	

서술형 완성하기

서술형 풀이를 완성하고 답을 써 보세요.

1 숫자 카드를 모두 사용하여 몫이 가장 큰 (두 자리 수)÷(두 자리 수)를 만들어 몫과 나머지를 구하려고 합니다. 풀이 과정을 쓰고 답을 구해 보세요.

1 5 3 7

몫이 가장 크려면 가장 큰 두 자리 수를 가장 작은 두 자리 수로 나누면 됩니다.
주어진 숫자 카드로 만들 수 있는 가장 큰 두 자리 수는 ☐이고, 가장 작은 두 자리 수는 ☐이므로 ☐÷☐=☐…☐입니다.

답 ____________

2 숫자 카드를 모두 사용하여 몫이 가장 큰 (세 자리 수)÷(두 자리 수)를 만들어 몫과 나머지를 구하려고 합니다. 풀이 과정을 쓰고 답을 구해 보세요.

2 8 4 7 0

몫이 가장 크려면 가장 큰 세 자리 수를 가장 작은 두 자리 수로 나누면 됩니다.
주어진 숫자 카드로 만들 수 있는 가장 큰 세 자리 수는 ☐이고, 가장 작은 두 자리 수는 ☐이므로 ☐÷☐=☐…☐입니다.

답 ____________

서술형 정복하기

1 숫자 카드를 모두 사용하여 몫이 가장 큰 (두 자리 수)÷(두 자리 수)를 만들어 몫과 나머지를 구하려고 합니다. 풀이 과정을 쓰고 답을 구해 보세요. (5점)

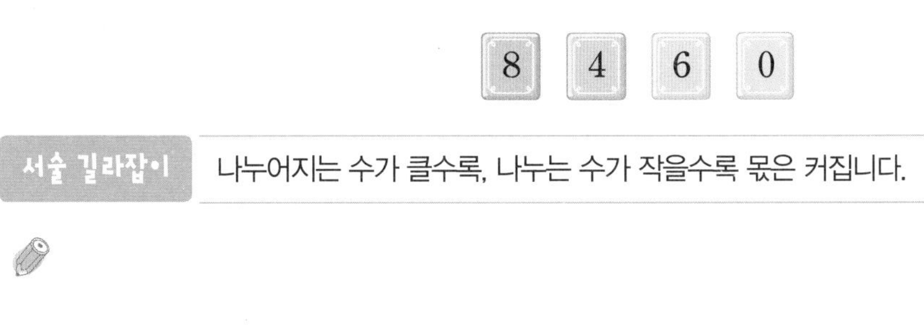

서술 길라잡이 나누어지는 수가 클수록, 나누는 수가 작을수록 몫은 커집니다.

답 ______________

2 숫자 카드를 모두 사용하여 몫이 가장 큰 (세 자리 수)÷(두 자리 수)를 만들어 몫과 나머지를 구하려고 합니다. 풀이 과정을 쓰고 답을 구해 보세요. (6점)

2 3 4 5 7

서술 길라잡이 나누어지는 수가 클수록, 나누는 수가 작을수록 몫은 커집니다.

답 ______________

3 숫자 카드를 모두 사용하여 몫이 가장 큰 (세 자리 수)÷(두 자리 수)를 만들어 몫과 나머지의 합을 구하려고 합니다. 풀이 과정을 쓰고 답을 구해 보세요. (7점)

2 6 7 5 8

서술 길라잡이 나누어지는 수가 클수록, 나누는 수가 작을수록 몫은 커집니다.

답 ______________

실전! 서술형

1 미술관의 입장료가 어른은 950원, 어린이는 600원입니다. 어른과 어린이가 각각 30명씩 입장했다면 입장료는 모두 얼마인지 풀이 과정을 쓰고 답을 구해 보세요. (6점)

서술 길라잡이 어른의 입장료와 어린이의 입장료를 각각 계산하여 합을 구합니다.

답 

2 한솔이는 자전거를 타고 1분 동안 236 m를 갈 수 있습니다. 같은 빠르기로 1시간 동안 자전거를 탄다면 몇 m를 갈 수 있는지 풀이 과정을 쓰고 답을 구해 보세요. (5점)

서술 길라잡이 1시간=60분의 단위 관계를 이용하여 식을 세웁니다.

답 

3 자동차를 타고 서울에서 부산까지 가는 데 287분 걸렸습니다. 서울에서 부산까지 자동차를 타고 가는 데 걸린 시간은 몇 시간 몇 분인지 풀이 과정을 쓰고 답을 구해 보세요. (5점)

서술 길라잡이 한 시간은 60분임을 이용하여 나눗셈식을 만들어 몫과 나머지를 구합니다.

답

4 500보다 큰 세 자리 수를 28로 나누었더니 나머지가 19였습니다. 어떤 세 자리 수가 될 수 있는 수 중 가장 작은 수는 얼마인지 풀이 과정을 쓰고 답을 구해 보세요. (6점)

서술 길라잡이 | 몫이 될 수 있는 수를 알아봅니다.

답 ____________

5 어떤 수에 25를 곱해야 하는데 잘못하여 나누었더니 몫이 9이고 나머지가 12였습니다. 바르게 계산하면 얼마인지 풀이 과정을 쓰고 답을 구해 보세요. (6점)

서술 길라잡이 | 먼저 잘못 계산한 식을 만들어 어떤 수를 구합니다.

답 ____________

6 숫자 카드를 모두 사용하여 몫이 가장 큰 (세 자리 수)÷(두 자리 수)를 만들어 몫과 나머지를 구하려고 합니다. 풀이 과정을 쓰고 답을 구해 보세요. (6점)

1 5 4 3 2

서술 길라잡이 | 나누어지는 수가 클수록, 나누는 수가 작을수록 몫은 커집니다.

답 ____________

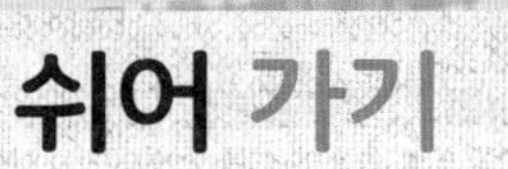

재미있는 미로찾기

씽씽~ 하트 안에서 길을 찾아볼까요?

평면도형의 이동

1 점의 이동

2 평면도형의 이동(1)

3 평면도형의 이동(2)

4 평면도형의 이동(3)

5 무늬 만들기

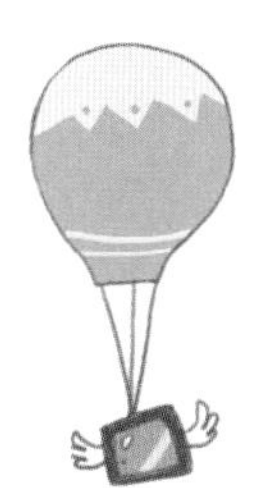

점 ㄱ을 점 ㄴ의 위치로 이동하려고 합니다. 어떻게 움직여야 하는지 2가지 방법으로 설명해 보세요. (4점)

ㄴ
ㄱ

서술 길라잡이 어느 쪽으로 얼마만큼 이동했는지 설명합니다.

방법 1 점 ㄱ을 오른쪽으로 4칸 이동한 다음, 위쪽으로 2칸 이동합니다.
방법 2 점 ㄱ을 위쪽으로 2칸 이동한 다음, 오른쪽으로 4칸 이동합니다.

평가 기준			
	방법 1 로 설명한 경우	2점	합 4점
	방법 2 로 설명한 경우	2점	

서술형 완성하기

서술형 풀이를 완성하시오.

1 점 ㄱ을 점 ㄴ이 있는 위치로 이동하려고 합니다.
어떻게 움직여야 하는지 2가지 방법으로 설명해 보세요.

방법 1 □쪽으로 □칸, □쪽으로 □칸 이동합니다.
방법 2 □쪽으로 □칸, □쪽으로 □칸 이동합니다.

2 점 ㄴ은 점 ㄱ을 오른쪽으로 5 cm, 아래쪽으로 3 cm 이동했을 때의 위치입니다. 점 ㄴ에서 이동하기 전 점 ㄱ의 위치로 돌가려면 어떻게 움직여야 하는지 2가지 방법으로 설명해 보세요.

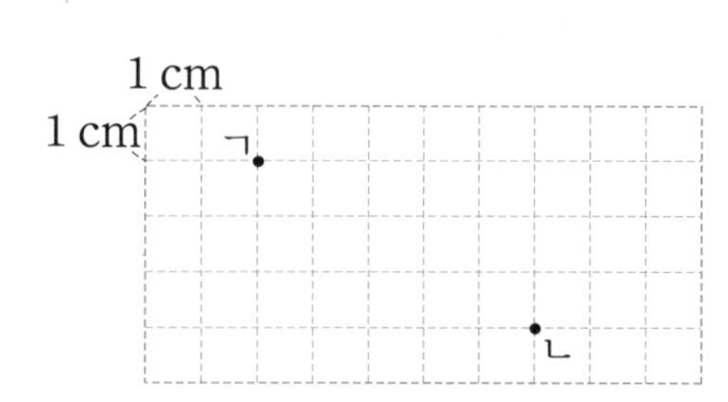

방법 1 □쪽으로 □cm, □쪽으로 □cm 이동합니다.
방법 2 □쪽으로 □cm, □쪽으로 □cm 이동합니다.

서술형 정복하기

1 점 ㄱ을 점 ㄴ의 위치로 이동한 거리와 점 ㄱ을 점 ㄷ의 위치로 이동한 거리의 차는 몇 cm인지 설명해 보세요. (6점)

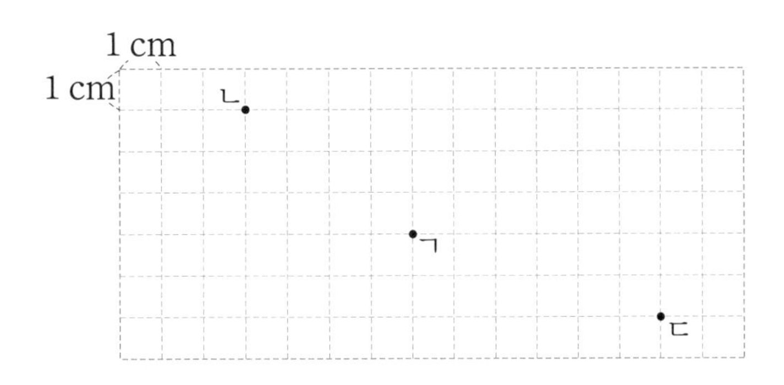

서술 길라잡이 이동한 방향과 이동한 거리를 각각 구하여 비교해 봅니다.

2 점 ㄱ이 점 ㄴ의 위치를 지나 점 ㄷ까지 이동한 거리는 몇 cm인지 설명해 보세요. (6점)

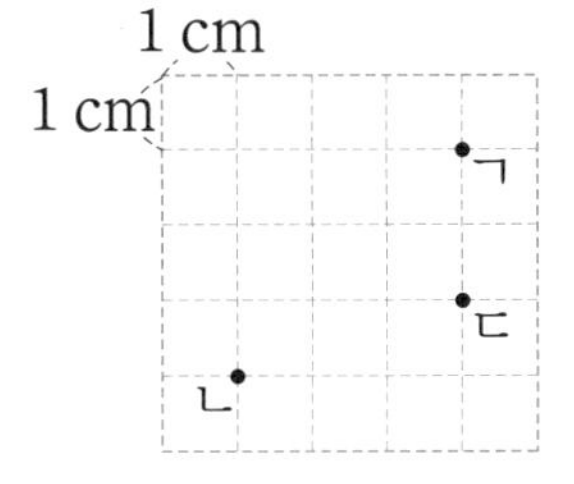

서술 길라잡이 이동한 방향과 이동한 거리를 각각 구하여 비교해 봅니다.

3 네 점을 이었을 때 정사각형이 되도록 네 점 ㄱ, ㄴ, ㄷ, ㄹ 중 두 점을 이동하려고 합니다. 어떤 두 점을 어떻게 이동해야 하는지 설명해 보세요. (4점)

1 cm
1 cm
ㄱ ㄹ
ㄷ
ㄴ

서술 길라잡이 정사각형이 되게 하려면 어떤 두 점을 이동해야 하는지 먼저 정합니다.

서술형 탐구

왼쪽 도형을 오른쪽으로 밀었을 때의 모양을 그려 보고, 어떻게 변했는지 설명해 보세요. (4점)

서술 길라잡이 왼쪽 도형 위에 크기와 모양이 같은 도형을 겹쳐 놓고 겹친 도형을 오른쪽 모눈종이 위로 밀어 봅니다.

도형을 밀었을 뿐이므로
도형의 모양은 변하지 않습니다.

평가 기준			
	모양을 바르게 그린 경우	2점	합 4점
	어떻게 변했는지 바르게 설명한 경우	2점	

서술형 완성하기

서술형 풀이를 완성하시오.

1 왼쪽 도형을 오른쪽으로 뒤집었을 때의 모양을 그려 보고, 어떻게 변했는지 설명해 보세요.

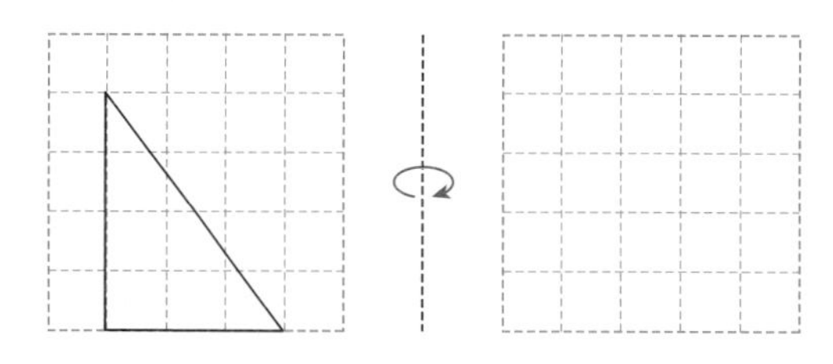

도형을 오른쪽으로 뒤집으면 도형의 왼쪽과 [　　] 의 위치가 바뀝니다.

2 왼쪽 도형을 시계 방향으로 90°만큼 돌렸을 때의 모양을 그려 보고, 어떻게 변했는지 설명해 보세요.

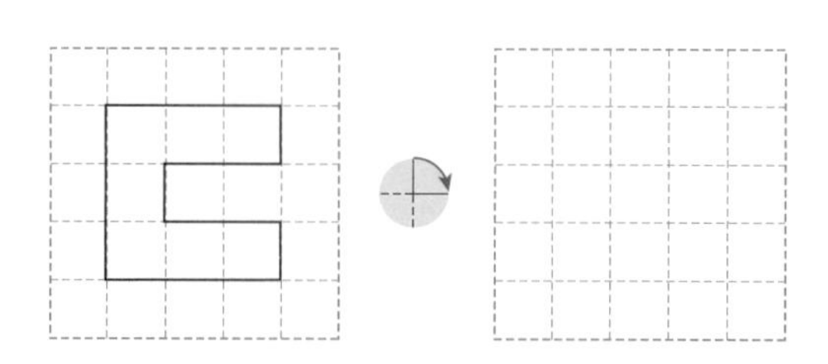

위쪽은 오른쪽, 오른쪽은 아래쪽, 아래쪽은 [　　], 왼쪽은 [　　] 으로 바뀝니다.

서술형 정복하기

1 도형을 왼쪽과 오른쪽으로 밀었을 때의 모양을 그려 보고, 어떻게 변했는지 설명해 보세요. (4점)

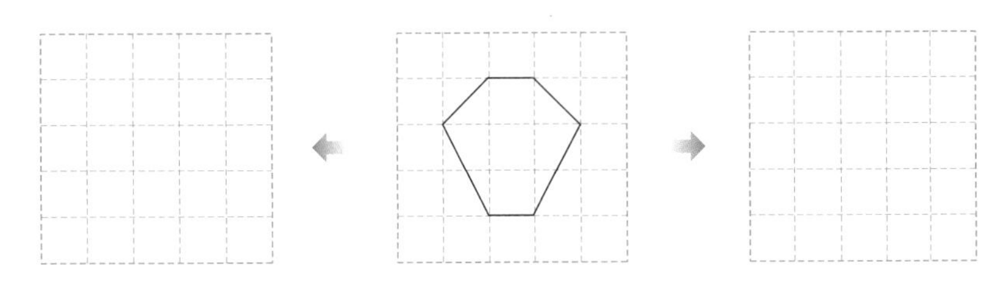

서술 길라잡이 | 도형을 밀었을 때의 모양을 생각하여 예측하고 그려 봅니다.

2 위쪽 도형을 아래쪽으로 뒤집었을 때의 모양을 그려 보고, 어떻게 변했는지 설명해 보세요. (4점)

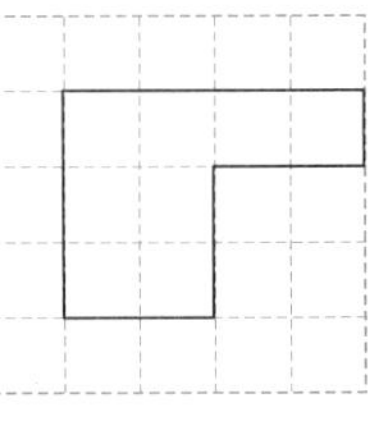

서술 길라잡이 | 도형을 뒤집은 모양은 거울에 비친 모양과 같습니다.

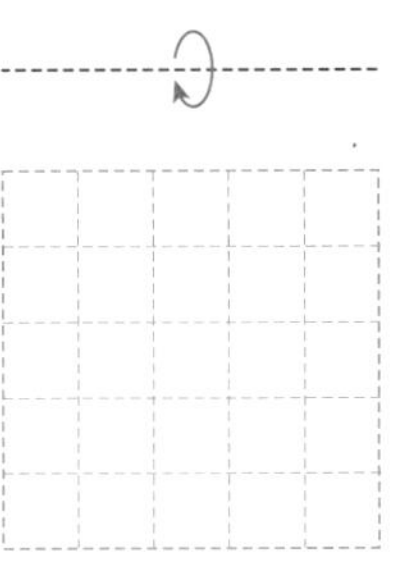

3 왼쪽 도형을 시계 반대 방향으로 90°만큼 돌렸을 때의 모양을 그려 보고, 어떻게 변했는지 설명해 보세요. (4점)

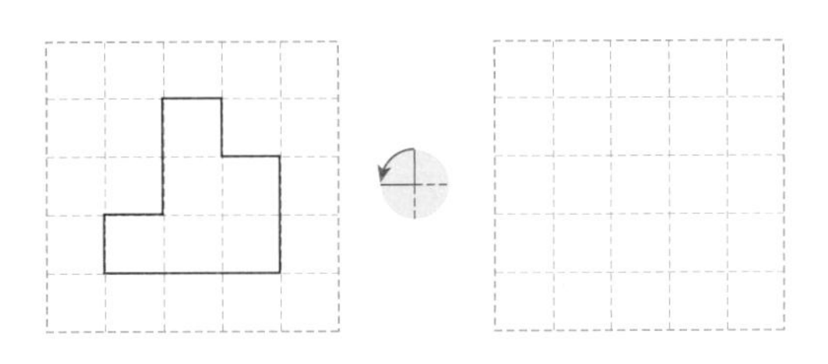

서술 길라잡이 | 시계 반대 방향으로 직각만큼 돌린 모양을 그립니다.

왼쪽 도형을 뒤집기와 돌리기를 몇 번 하였더니 오른쪽 모양이 되었습니다. 뒤집기와 돌리기를 어떻게 하였는지 서로 다른 2가지 방법으로 설명해 보세요. (6점)

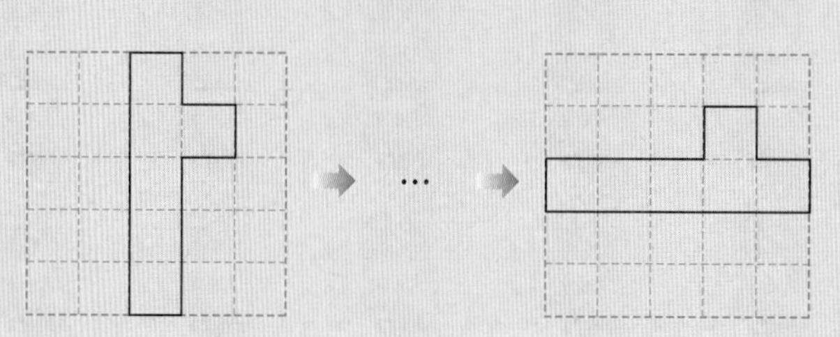

서술 길라잡이 | 뒤집기를 하면 왼쪽과 오른쪽의 위치가 바뀌거나 위쪽과 아래쪽의 위치가 바뀌고, 돌리기를 하면 도형의 방향이 바뀝니다.

[방법 1] 예 시계 방향으로 90°만큼 돌린 후, 아래쪽으로 뒤집었습니다.
[방법 2] 예 오른쪽으로 뒤집은 후, 시계 방향으로 90°만큼 돌렸습니다.

평가 기준	한 가지 방법을 설명할 때마다 3점씩 배점하여 총 6점이 되도록 평가합니다.	6점

서술형 완성하기

서술형 풀이를 완성하시오.

1 왼쪽 도형을 한 번 뒤집었더니 오른쪽 모양이 되었습니다. 어느 쪽으로 뒤집었는지 설명해 보세요.

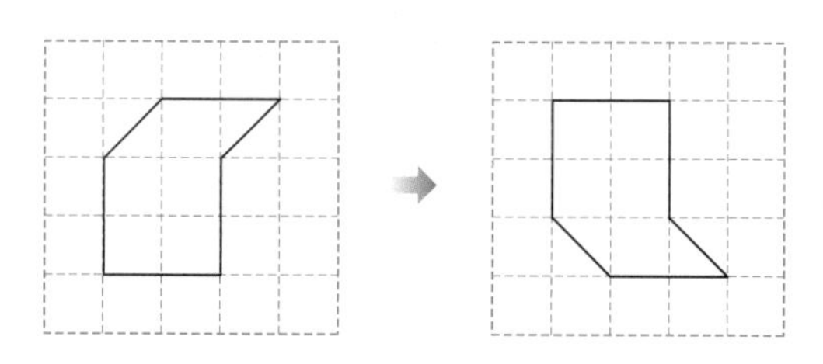

도형의 위쪽과 아래쪽의 위치가 바뀌었으므로 ☐ 또는 ☐으로 뒤집었습니다.

2 왼쪽 도형을 뒤집기와 돌리기를 몇 번 하였더니 오른쪽 모양이 되었습니다. 뒤집기와 돌리기를 어떻게 하였는지 서로 다른 2가지 방법으로 설명해 보세요.

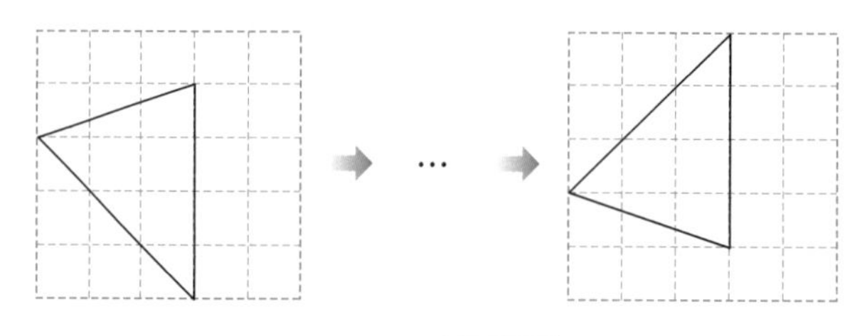

[방법 1] 오른쪽으로 뒤집은 후, 시계 방향으로 ☐°만큼 돌렸습니다.

[방법 2] 위쪽 또는 ☐으로 뒤집은 후, 시계 방향으로 360°만큼 돌렸습니다.

서술형 정복하기

1 왼쪽 도형을 돌리기를 하였더니 오른쪽 모양이 되었습니다. 돌리기를 어떻게 하였는지 설명해 보세요. (4점)

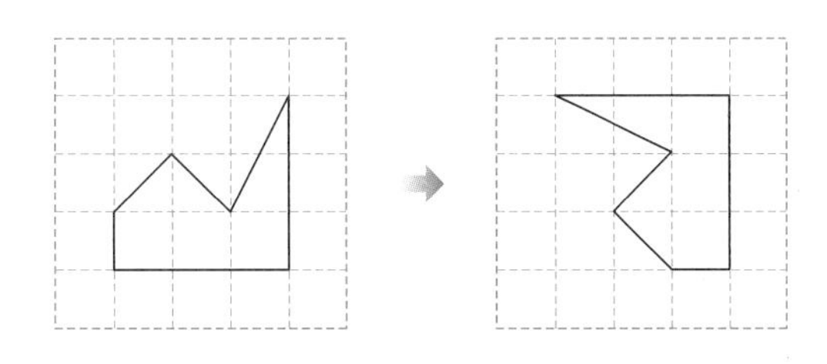

서술 길라잡이 도형의 어느 한 부분을 정하여 그 부분이 어느 방향으로 옮겨졌는지 살펴봅니다.

2 왼쪽 도형을 뒤집기와 돌리기를 몇 번 하였더니 오른쪽 모양이 되었습니다. 뒤집기와 돌리기를 어떻게 하였는지 서로 다른 2가지 방법으로 설명해 보세요. (6점)

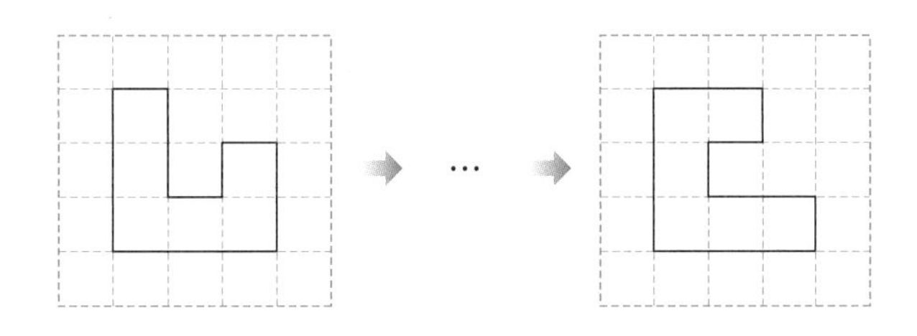

서술 길라잡이 왼쪽 도형을 뒤집기만 하거나 돌리기만 하면 오른쪽 모양이 되지 않습니다.

[방법 1]

[방법 2]

3 왼쪽 도형을 몇 번 뒤집었더니 오른쪽 모양이 되었습니다. 뒤집기를 어떻게 하였는지 서로 다른 2가지 방법으로 설명해 보세요. (6점)

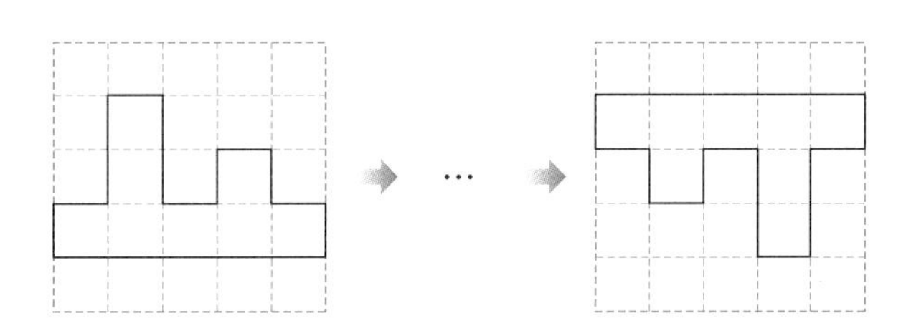

서술 길라잡이 도형을 오른쪽이나 왼쪽으로 뒤집으면 왼쪽과 오른쪽의 위치가 바뀌고, 위쪽이나 아래쪽으로 뒤집으면 위쪽과 아래쪽의 위치가 바뀝니다.

 [방법 1]

[방법 2]

어떤 도형을 오른쪽으로 5번 뒤집었더니 오른쪽 모양이 되었습니다. 처음 도형을 왼쪽에 그리고, 그렇게 생각한 이유를 설명해 보세요. (5점)

서술 길라잡이 도형을 같은 방향으로 2번, 4번, ... 뒤집으면 처음 도형과 같습니다.

오른쪽으로 5번 뒤집기 전의 도형은 오른쪽으로 1번 뒤집기 전의 도형과 같습니다.
따라서 처음 도형은 오른쪽 모양을 왼쪽으로 1번 뒤집은 것과 같습니다.

평가 기준			
	도형을 바르게 그린 경우	3점	합 5점
	이유를 바르게 설명한 경우	2점	

서술형 완성하기

서술형 풀이를 완성하시오.

1 어떤 도형을 왼쪽으로 7번 뒤집었더니 오른쪽 모양이 되었습니다. 처음 도형을 왼쪽에 그리고, 그렇게 생각한 이유를 설명해 보세요.

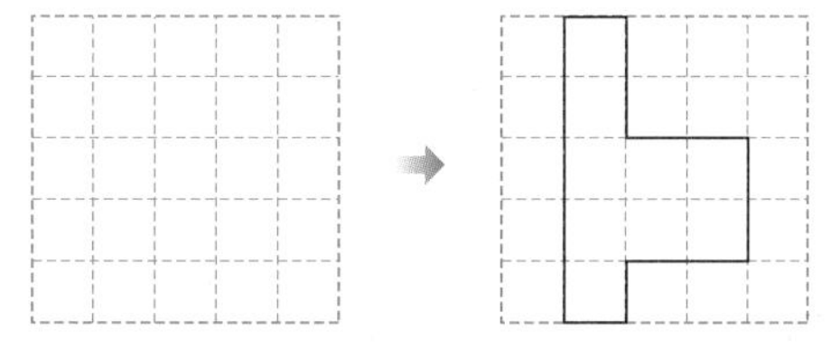

왼쪽으로 7번 뒤집기 전의 도형은 왼쪽으로 ☐번 뒤집기 전의 도형과 같습니다.

따라서 처음 도형은 오른쪽 모양을 오른쪽으로 ☐번 뒤집은 것과 같습니다.

2 어떤 도형을 시계 방향으로 180°만큼 5번 돌렸더니 오른쪽 모양이 되었습니다. 처음 도형을 왼쪽에 그리고, 그렇게 생각한 이유를 설명해 보세요.

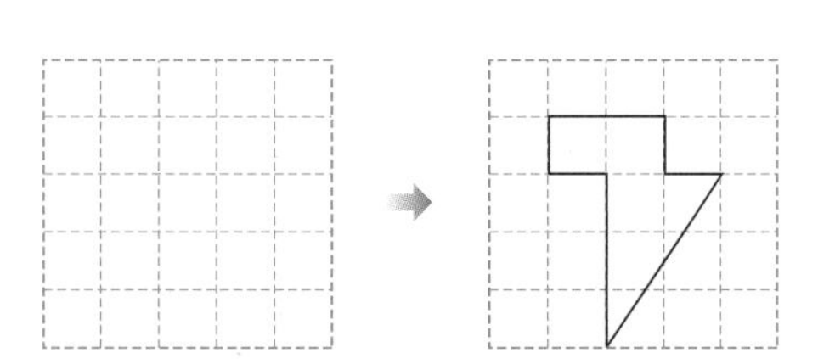

시계 방향으로 180°만큼 5번 돌리기 전의 도형은 시계 방향으로 180°만큼 ☐번 돌리기 전의 도형과 같습니다.

따라서 처음 도형은 오른쪽 모양을 시계 반대 방향으로 180°만큼 ☐번 돌린 것과 같습니다.

서술형 정복하기

[1~3] 어떤 도형을 오른쪽으로 밀고 위쪽으로 7번 뒤집은 다음, 다시 시계 방향으로 90°만큼 5번 돌렸더니 ㉣과 같이 되었습니다. 물음에 답해 보세요.

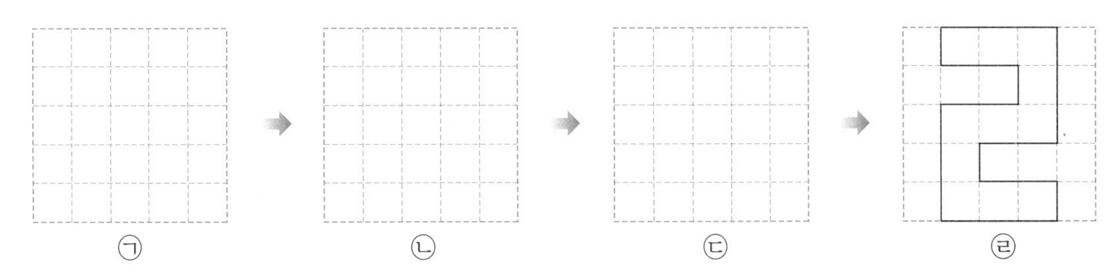

1 시계 방향으로 90°만큼 5번 돌리기 전의 모양을 ㉢에 그리고, 그렇게 생각한 이유를 설명해 보세요. (5점)

서술 길라잡이 | 시계 방향으로 90°만큼 4번 돌리는 것은 시계 방향으로 360°만큼 1번 돌리는 것과 같습니다.

2 위쪽으로 7번 뒤집기 전의 도형을 ㉡에 그리고, 그렇게 생각한 이유를 설명해 보세요. (5점)

서술 길라잡이 | 도형을 위쪽으로 짝수 번 뒤집으면 처음 도형과 같습니다.

3 오른쪽으로 밀기 전의 처음 도형을 ㉠에 그리고, 그렇게 생각한 이유를 설명해 보세요. (4점)

서술 길라잡이 | 도형을 밀면 모양은 변하지 않습니다.

서술형 탐구

규칙을 정해 무늬를 만들고, 그 규칙을 설명해 보세요. (4점)

서술 길라잡이 밀기, 뒤집기, 돌리기의 방법으로 규칙을 정해 무늬를 만듭니다.

예 [규칙] 기본 도형을 시계 방향으로 90°만큼 돌리기 한 규칙입니다.

평가 기준			
평가 기준	정한 규칙을 설명한 경우	2점	합 4점
	규칙에 따라 바르게 무늬를 만든 경우	2점	

서술형 완성하기

서술형 풀이를 완성하시오.

1 규칙을 정해 무늬를 만들고, 그 규칙을 설명해 보세요.

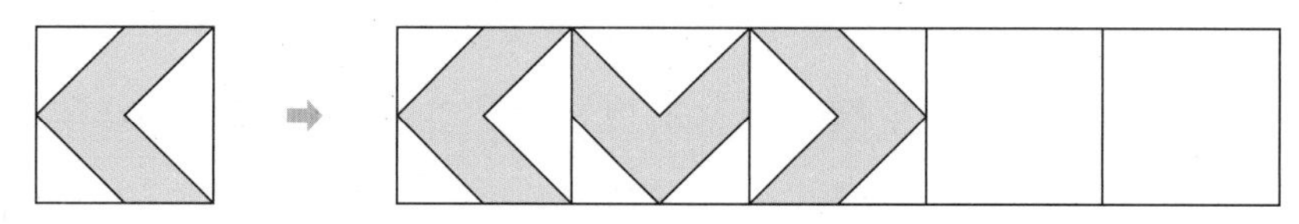

[규칙] 기본 도형을 시계 반대 방향으로 ☐°만큼 돌리기한 규칙입니다.

2 규칙을 정해 무늬를 만들고, 그 규칙을 설명해 보세요.

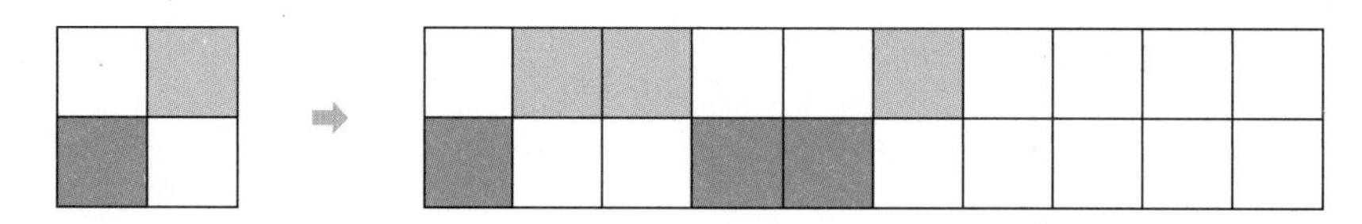

[규칙] 기본 도형을 오른쪽으로 (밀기, 뒤집기, 돌리기) 한 규칙입니다.

3 규칙을 정해 무늬를 만들고, 그 규칙을 설명해 보세요.

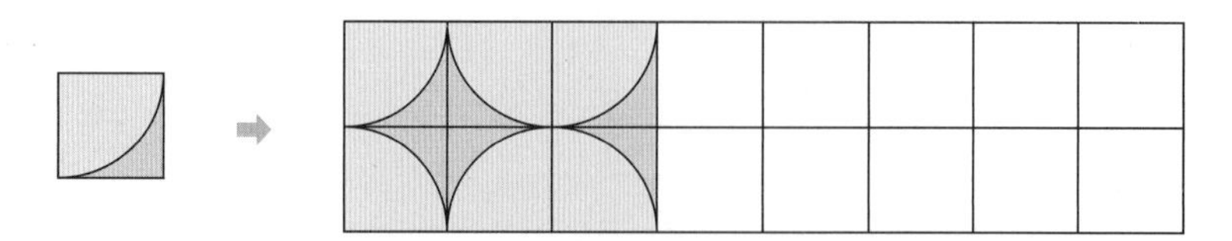

[규칙] 기본 도형을 (아래쪽, 오른쪽)으로 (밀기, 뒤집기) 하여 2장으로 만든 기본 도형을 오른쪽으로 (밀기, 뒤집기) 한 규칙입니다.

서술형 정복하기

1 규칙을 정해 무늬를 만들고, 그 규칙을 설명해 보세요. (4점)

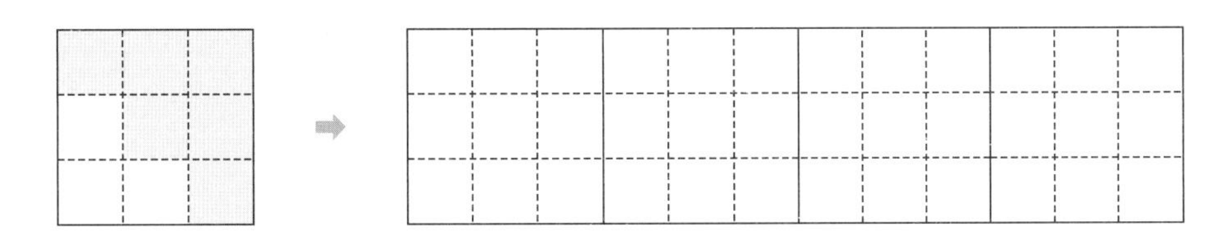

서술 길라잡이 밀기, 뒤집기, 돌리기의 방법으로 규칙을 정할 수 있습니다.

2 규칙을 정해 무늬를 만들고, 그 규칙을 설명해 보세요. (4점)

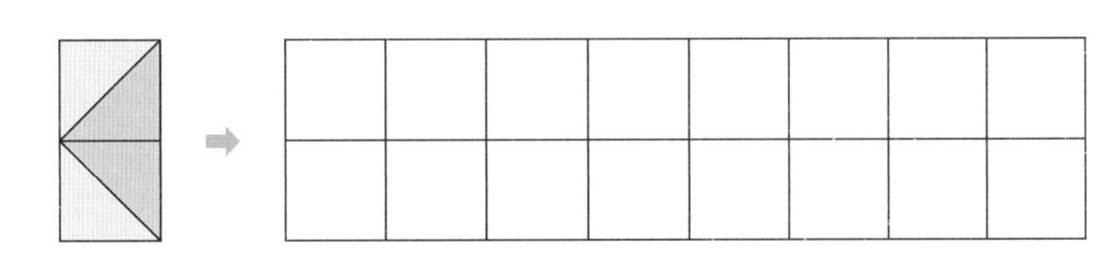

서술 길라잡이 밀기, 뒤집기, 돌리기의 방법으로 규칙을 정할 수 있습니다.

[규칙]

3 규칙을 정해 무늬를 만들고, 그 규칙을 설명해 보세요. (4점)

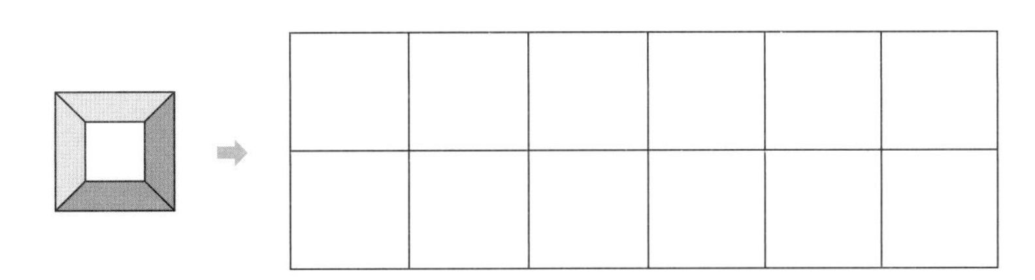

서술 길라잡이 기본 도형을 사용하여 다른 기본 도형을 만든 뒤 무늬를 만들어 봅니다.

[규칙]

실전! 서술형

1 왼쪽 도형을 오른쪽으로 뒤집었을 때의 모양을 그려 보고, 어떻게 변했는지 설명해 보세요. (4점)

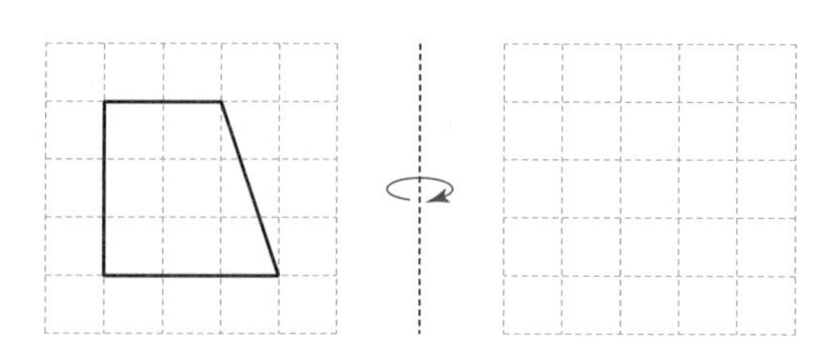

서술 길라잡이 도형을 오른쪽으로 뒤집었을 때의 모양을 생각하여 예측하고 그려 봅니다.

2 왼쪽 도형을 시계 방향으로 180°만큼 돌렸을 때의 모양을 그려 보고, 어떻게 변했는지 설명해 보세요. (4점)

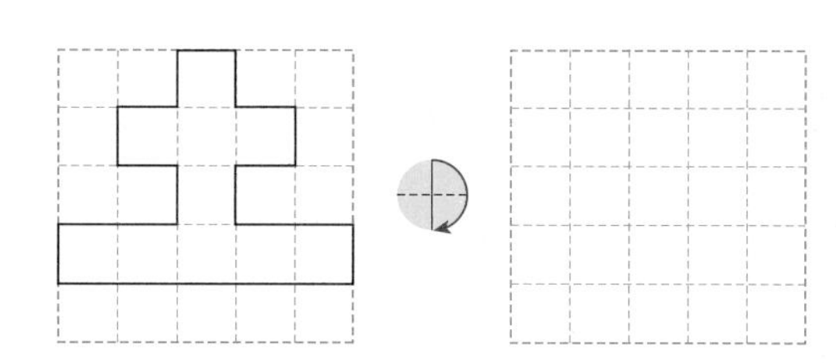

서술 길라잡이 도형을 시계 방향으로 180°만큼 돌렸을 때 생기는 모양을 그립니다.

3 왼쪽 도형을 뒤집기와 돌리기를 몇 번 하였더니 오른쪽 모양이 되었습니다. 뒤집기와 돌리기를 어떻게 하였는지 서로 다른 2가지 방법으로 설명해 보세요. (6점)

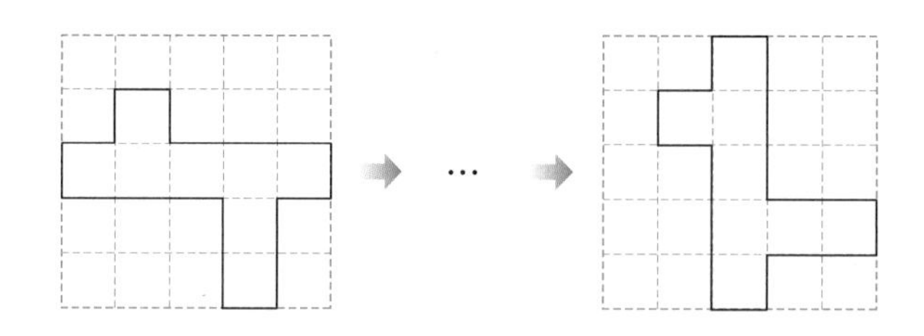

서술 길라잡이 도형을 왼쪽, 오른쪽, 위쪽, 아래쪽으로 뒤집고, 뒤집은 모양을 다시 여러 방향으로 돌리면 여러 가지 모양이 나옵니다.

 [방법 1]

[방법 2]

4 어떤 도형을 왼쪽으로 6번 뒤집었더니 오른쪽 모양이 되었습니다. 처음 도형을 왼쪽에 그리고, 그렇게 생각한 이유를 설명해 보세요. (5점)

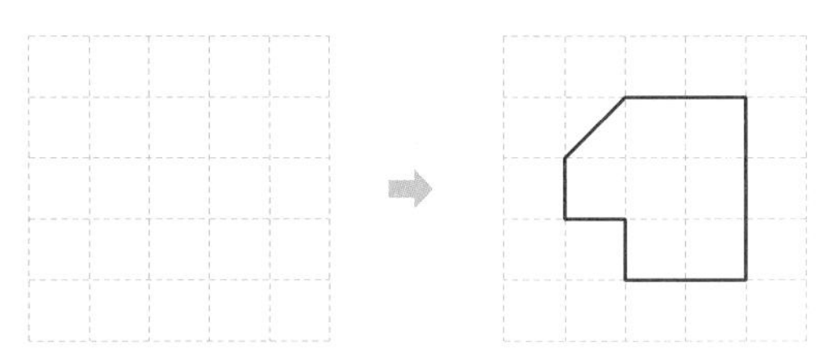

서술 길라잡이 도형을 같은 방향으로 2번, 4번, ... 뒤집으면 처음 도형과 같습니다.

5 어떤 도형을 시계 방향으로 90°만큼 5번 돌렸더니 오른쪽 모양이 되었습니다. 처음 도형을 왼쪽에 그리고, 그렇게 생각한 이유를 설명해 보세요. (5점)

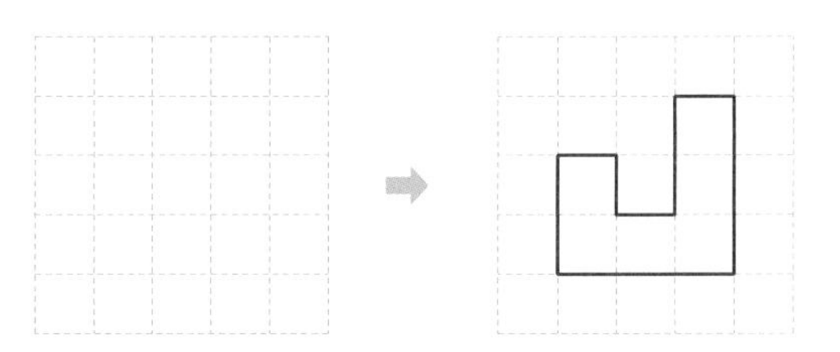

서술 길라잡이 시계 방향으로 90°만큼 4번 돌린 것은 시계 방향으로 360°만큼 1번 돌린 것과 같습니다.

6 한 가지 색을 사용하여 기본 도형을 만들고, 규칙을 정해 무늬를 만든 후 그 규칙을 설명해 보세요. (6점)

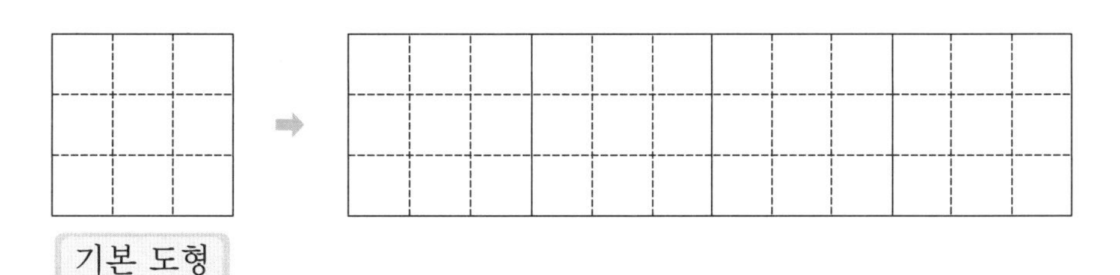

서술 길라잡이 밀기, 뒤집기, 돌리기의 방법으로 규칙을 정할 수 있습니다.

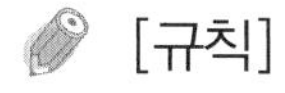

[규칙]

쉬어 가기

재미있는 미로찾기

꿈틀꿈틀~ 바구니 안에서 미로를 찾아보아요.

5 막대그래프

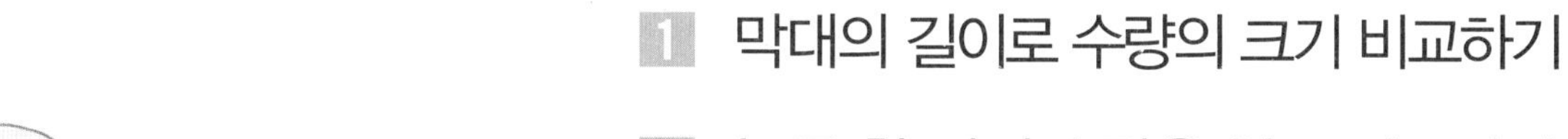

1 막대의 길이로 수량의 크기 비교하기

2 눈금 한 칸의 수량을 알고 비교하기

3 표와 막대그래프 완성하기

4 막대그래프의 내용 알아보기

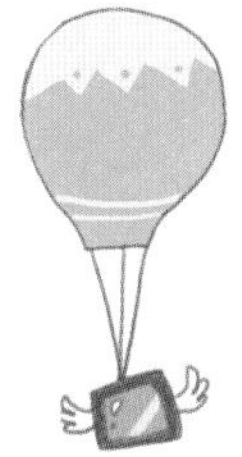

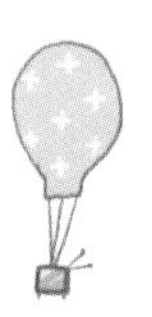

1. 막대의 길이로 수량의 크기 비교하기

동민이네 반 학생들이 가장 좋아하는 음식을 조사하여 나타낸 막대그래프입니다. 가장 많은 학생들이 좋아하는 음식은 무엇인지 풀이 과정을 쓰고 답을 구해 보세요. (4점)

좋아하는 음식별 학생 수

학생 수 \ 음식	자장면	만두	햄버거	떡볶이	불고기	피자
(명) 10, 5, 0						

서술 길라잡이 막대그래프는 막대의 길이로 수량을 나타냅니다.

막대의 길이가 가장 긴 것을 찾으면 떡볶이입니다.

답 떡볶이

평가 기준			
막대의 길이를 이용하여 설명한 경우	2점	합 4점
답을 바르게 쓴 경우	2점	

서술형 완성하기

서술형 풀이를 완성하고 답을 써 보세요.

[1~3] 위 막대그래프를 보고 물음에 답해 보세요.

1 가장 적은 학생들이 좋아하는 음식은 무엇인지 풀이 과정을 쓰고 답을 구해 보세요.

□의 길이가 가장 (긴, 짧은) 것을 찾으면 □입니다.

답 ________

2 좋아하는 학생 수가 같은 음식은 무엇인지 풀이 과정을 쓰고 답을 구해 보세요.

□의 길이가 (긴, 짧은, 같은) 것을 찾으면 □와 □입니다.

답 ________

3 만두보다 좋아하는 학생 수가 많은 음식을 모두 찾아 쓰려고 합니다. 풀이 과정을 쓰고 답을 구해 보세요.

만두보다 □의 길이가 (긴, 짧은) 것을 찾으면 □과 □입니다.

답 ________

서술형 정복하기

[1~2] 마을별 심은 나무의 수를 조사하여 나타낸 막대그래프입니다. 물음에 답해 보세요.

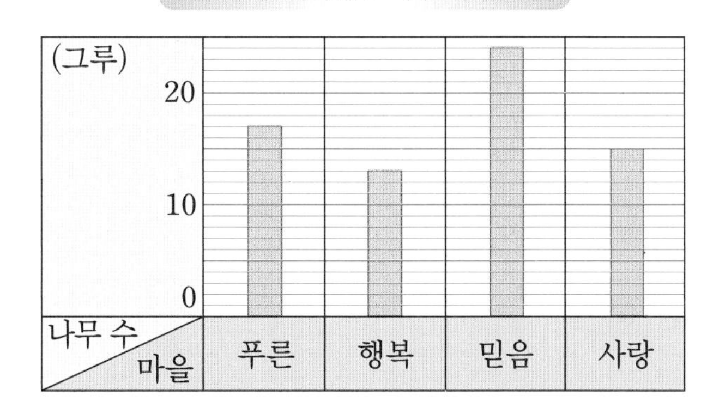

1 나무를 가장 많이 심은 마을은 어느 마을인지 풀이 과정을 쓰고 답을 구해 보세요. (4점)

서술 길라잡이 막대그래프에서는 막대의 길이가 길수록 수량이 많습니다.

답

2 푸른 마을보다 심은 나무의 수가 적은 마을을 모두 찾아 쓰려고 합니다. 풀이 과정을 쓰고 답을 구해 보세요. (4점)

서술 길라잡이 푸른 마을보다 막대의 길이가 짧은 마을을 모두 찾아봅니다.

답

3 오른쪽 그림은 학생들이 집에서 기르고 있는 금붕어의 수를 조사하여 나타낸 막대그래프입니다. 금붕어를 가장 많이 기르는 학생부터 차례대로 이름을 쓰려고 합니다. 풀이 과정을 쓰고 답을 구해 보세요. (4점)

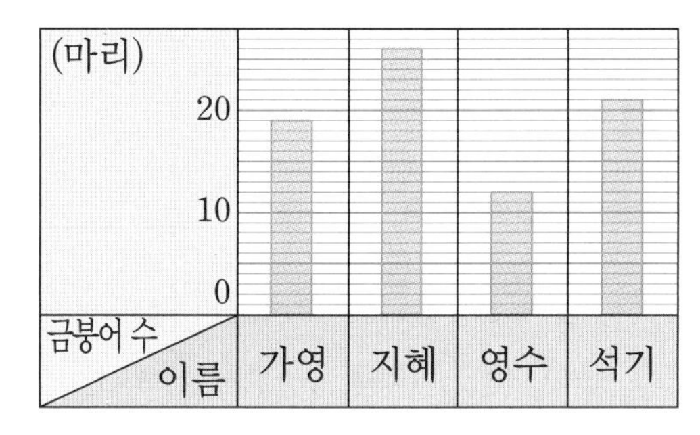

서술 길라잡이 막대그래프의 길이를 비교해 봅니다.

답

서술형 탐구

영수네 학교 4학년 학생들이 모둠별로 모은 붙임 딱지 수를 조사하여 나타낸 막대그래프입니다. 노력 모둠의 붙임 딱지 수는 우정 모둠의 붙임 딱지 수의 몇 배인지 풀이 과정을 쓰고 답을 구해 보세요. (5점)

모둠별 붙임 딱지의 수

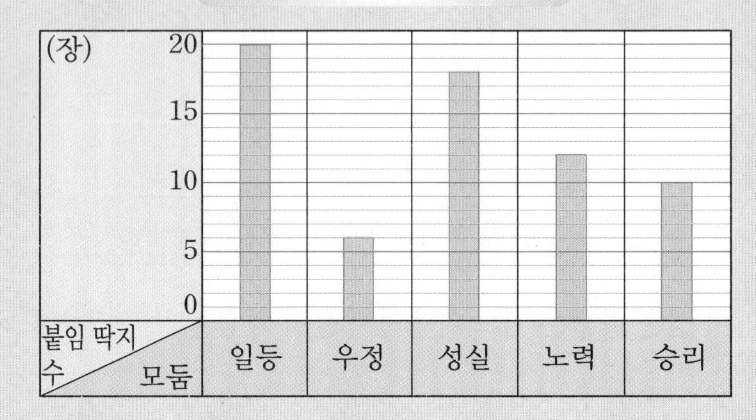

서술 길라잡이 노력 모둠과 우정 모둠의 붙임 딱지의 수를 알아봅니다.

노력 모둠의 붙임 딱지 수는 12장이고 우정 모둠의 붙임 딱지 수는 6장입니다.
따라서 노력 모둠의 붙임 딱지 수는 우정 모둠의 붙임 딱지 수의 $12 \div 6 = 2$(배)입니다.

답 2배

평가 기준			
	노력 모둠과 우정 모둠의 붙임 딱지의 수를 구한 경우	3점	합 5점
	답을 바르게 구한 경우	2점	

서술형 완성하기

서술형 풀이를 완성하고 답을 써 보세요.

[1~2] 위 막대그래프를 보고 물음에 답해 보세요.

1 붙임 딱지의 수가 승리 모둠의 2배인 모둠은 어느 모둠인지 풀이 과정을 쓰고 답을 구해 보세요.

승리 모둠의 붙임 딱지의 수는 □장이므로 붙임 딱지의 수가 □ × □ = □(장)인 모둠을 찾으면 □ 모둠입니다.

답 ____________

2 붙임 딱지의 수가 성실 모둠의 반쯤 되는 모둠은 어느 모둠인지 풀이 과정을 쓰고 답을 구해 보세요.

성실 모둠의 붙임 딱지의 수는 □장이므로 붙임 딱지의 수가 □ ÷ □ = □(장)쯤 되는 모둠을 찾으면 □ 모둠입니다.

답 ____________

서술형 정복하기

1 오른쪽 그림은 어느 동네의 가게별로 팔린 음료수의 수를 조사하여 나타낸 막대그래프입니다. 장미 가게에서 팔린 음료수는 진달래 가게에서 팔린 음료수 수의 몇 배인지 풀이 과정을 쓰고 답을 구해 보세요. (5점)

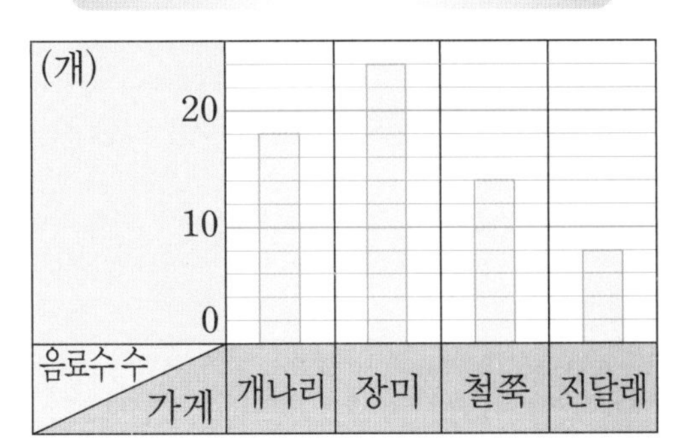

서술 길라잡이 장미 가게와 진달래 가게의 팔린 음료수의 수를 알아봅니다.

답 ______

[2~3] 학생들의 취미를 조사하여 나타낸 막대그래프입니다. 물음에 답해 보세요.

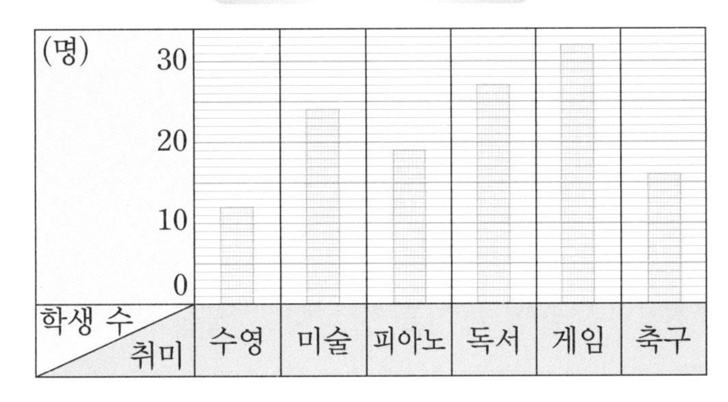

2 수영이 취미인 학생 수의 2배가 되는 학생들의 취미는 무엇인지 풀이 과정을 쓰고 답을 구해 보세요. (5점)

서술 길라잡이 수영이 취미인 학생 수의 2배는 몇 명인지 알아봅니다.

답 ______

3 게임이 취미인 학생 수의 반이 되는 학생들의 취미는 무엇인지 풀이 과정을 쓰고 답을 구해 보세요. (5점)

서술 길라잡이 게임이 취미인 학생 수의 반은 몇 명인지 알아봅니다.

답 ______

서술형 탐구

웅이네 반 학생들이 가장 좋아하는 과일을 조사하여 나타낸 표입니다. 표의 빈칸에 알맞은 수를 구하고 막대그래프를 완성해 보세요. (6점)

좋아하는 과일별 학생 수

과일	사과	귤	복숭아	포도	배	합계
학생 수(명)	4	3	7		4	24

좋아하는 과일별 학생 수

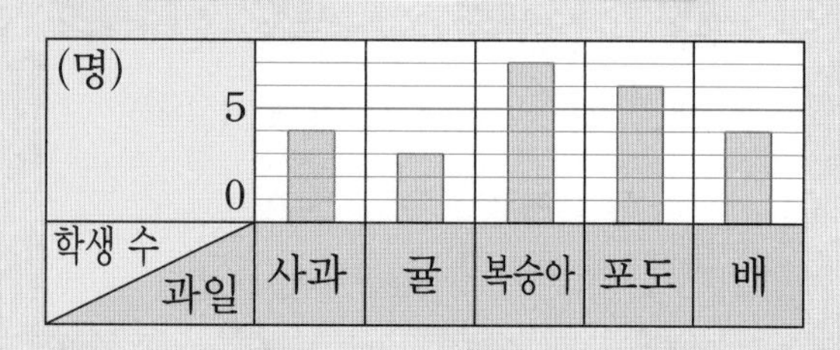

서술 길라잡이 표에서 합계를 이용하여 빈칸에 알맞은 수를 구할 수 있습니다.

포도를 좋아하는 학생을 뺀 나머지 학생 수가 $4+3+7+4=18$(명)이므로
포도를 좋아하는 학생 수는 $24-18=6$(명)입니다.

답 6

평가 기준		
포도를 좋아하는 학생을 뺀 나머지 학생 수의 합을 구한 경우	2점	합 6점
빈칸에 알맞은 수를 구한 경우	2점	
막대그래프를 완성한 경우	2점	

서술형 완성하기

서술형 풀이를 완성하고 답을 써 보세요.

1 지혜네 마을 학생들이 태어난 계절을 조사하여 나타낸 표입니다. 표의 빈칸에 알맞은 수를 구하고 막대그래프를 완성해 보세요.

태어난 계절별 학생 수

과일	봄	여름	가을	겨울	합계
학생 수(명)	12	5	10		34

태어난 계절별 학생 수

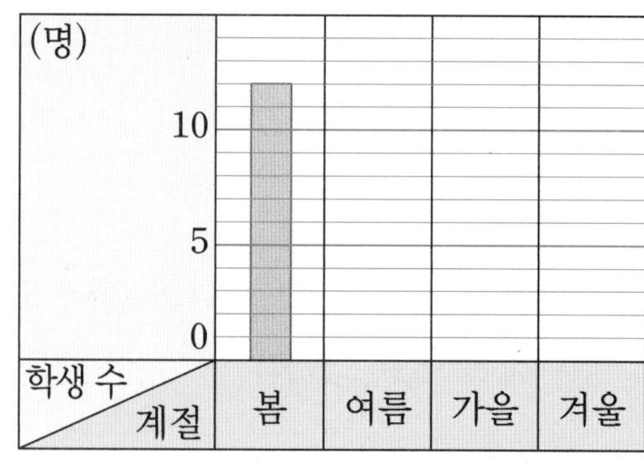

겨울에 태어난 학생을 뺀 나머지 학생 수가 □+□+□=□(명)이므로
겨울에 태어난 학생 수는 □−□=□(명)입니다.

답

서술형 정복하기

1 영수네 학교 4학년 학생들이 키우고 싶어 하는 애완동물을 조사하여 나타낸 표입니다. 표의 빈칸에 알맞은 수를 구하고 막대그래프를 완성해 보세요. (6점)

좋아하는 과일별 학생 수

과일	강아지	고양이	토끼	햄스터	금붕어	앵무새	합계
학생 수(명)	15	10		7	5	21	70

애완동물별 학생 수

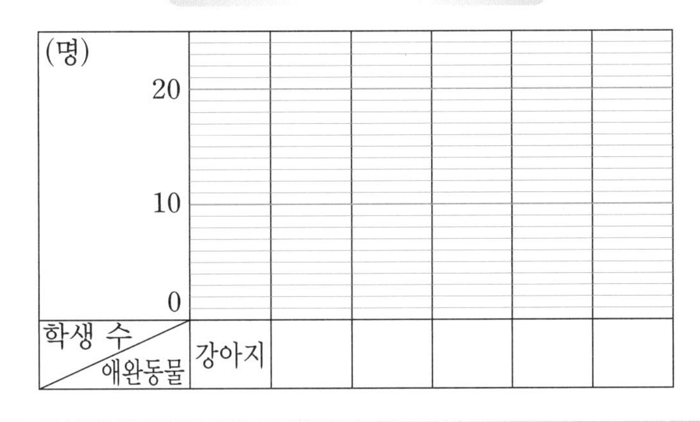

서술 길라잡이 알고 있는 학생 수와 합계를 이용하여 빈칸에 알맞은 수를 구해 봅니다.

답

2 농장별 방울토마토의 일일 수확량을 조사하여 나타낸 표입니다. 신선 농장의 수확량이 향기 농장의 수확량보다 4kg 더 많다고 합니다. 표의 빈칸에 알맞은 수를 구하고 막대그래프를 완성해 보세요. (6점)

농장별 방울토마토 일일 수확량

농장	신선	향기	쑥쑥	햇살	합계
생산량(kg)			15	9	48

서술 길라잡이 향기 농장의 수확량을 □라 하여 식을 세워 빈칸에 알맞은 수를 구해 봅니다.

농장별 방울토마토의 일일 수확량

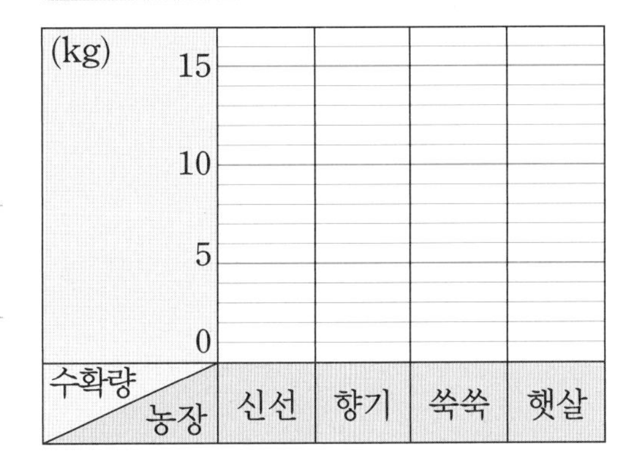

답

가영이와 친구들이 한 달 동안 읽은 책의 수를 조사하여 나타낸 막대그래프입니다. 친구들 중에 가영이가 책을 가장 많이 가지고 있다고 할 수 있는지 '예' 또는 '아니요'로 대답하고 그 이유를 설명해 보세요. (5점)

한 달 동안 읽은 책의 수

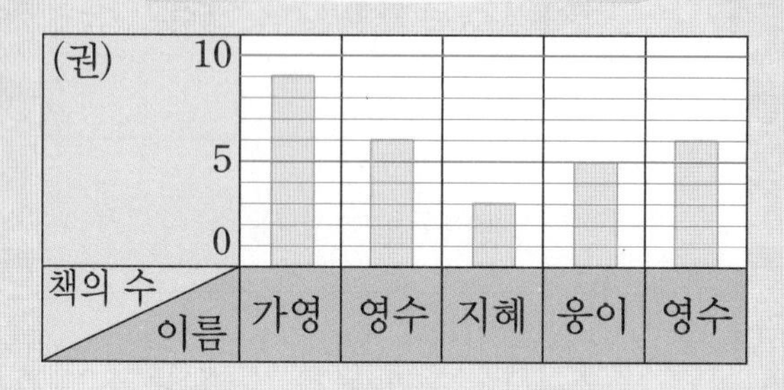

서술 길라잡이 책을 많이 읽은 것과 책이 많은 것과의 관계를 생각해 봅니다.

아니요. 위 그래프는 한 달 동안 읽은 책의 수를 나타낸 것으로 친구들이 가지고 있는 전체 책의 수는 알 수 없기 때문에 가영이의 책이 가장 많다고 할 수 없습니다.

평가 기준			
	아니요라고 답한 경우	2점	합 5점
	그 이유를 바르게 설명한 경우	3점	

서술형 완성하기

서술형 풀이를 완성하고 답을 써 보세요.

1 솔별초등학교 4학년 반별 안경을 쓴 학생 수를 조사하여 나타낸 막대그래프입니다. 2반의 전체 학생 수가 가장 적다고 할 수 있는지 '예' 또는 '아니요'로 대답하고 그 이유를 설명해 보세요.

반별 안경을 쓴 학생 수

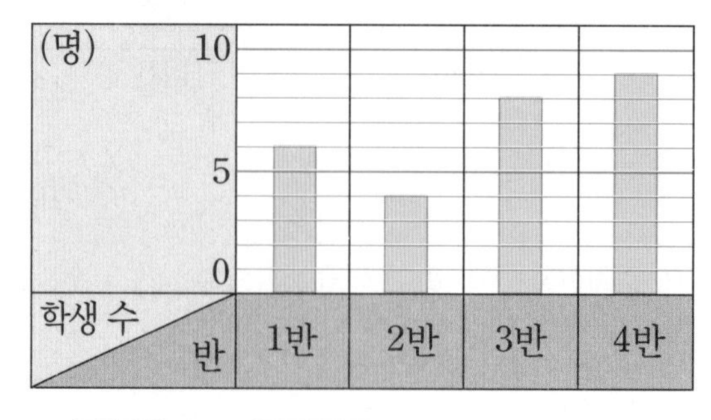

아니요. 위 그래프는 반별 ☐을 쓴 ☐를 나타낸 것으로 반별 전체 ☐를 알 수 없기 때문에 2반의 학생 수가 가장 적다고 할 수 없습니다.

서술형 정복하기

1 석기네 반 학생들이 가고 싶어 하는 나라를 조사하여 나타낸 막대그래프입니다. 가장 적은 학생들이 가고 싶어 하는 나라는 일본이라고 할 수 있는지 '예' 또는 '아니요'로 대답하고 그 이유를 설명해 보세요. (5점)

가고 싶어 하는 나라별 학생 수

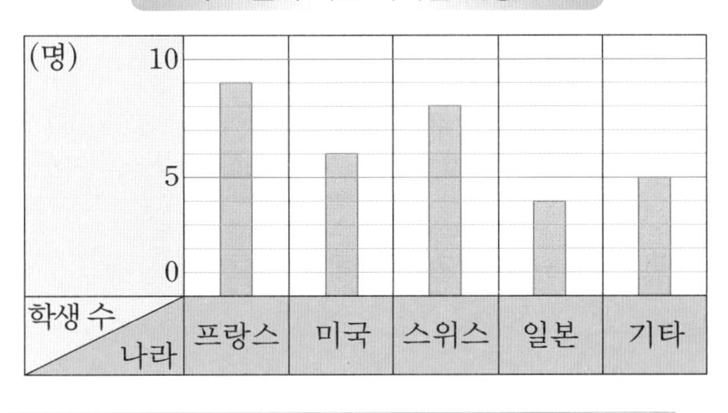

서술 길라잡이 가고 싶어 하는 나라 중 '기타'라고 쓴 것의 내용을 생각해 봅니다.

2 신영이네 학교 4학년 학생들이 사는 마을을 조사하여 나타낸 막대그래프입니다. 별빛 마을이 가장 넓다고 할 수 있는지 '예' 또는 '아니요'로 대답하고 그 이유를 설명해 보세요. (5점)

마을별 4학년 학생 수

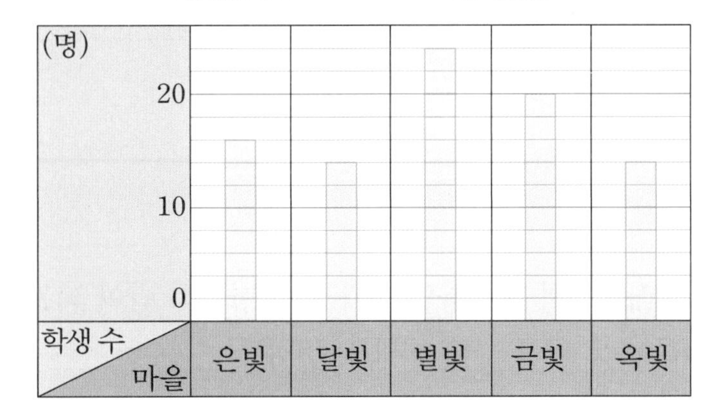

실전! 서술형

오른쪽 그림은 학생들이 좋아하는 운동을 조사하여 나타낸 막대그래프입니다. 가장 많은 학생들이 좋아하는 운동과 가장 적은 학생들이 좋아하는 운동을 차례로 쓰려고 합니다. 풀이 과정을 쓰고 답을 구해 보세요. (4점)

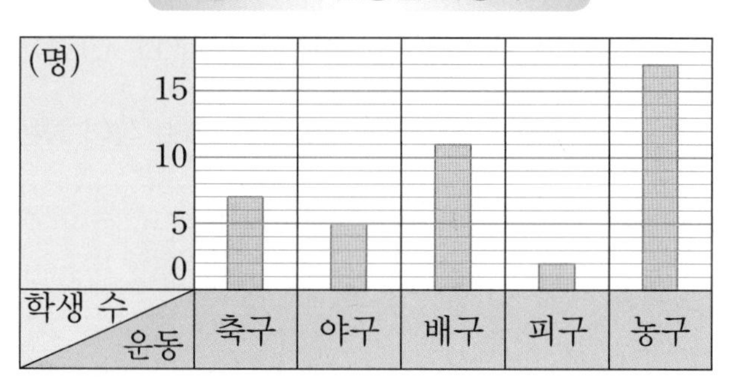

서술 길라잡이 막대그래프는 막대의 길이로 항목의 수량을 나타냅니다.

답 ____________

오른쪽 그림은 마을별 자동차 수를 조사하여 나타낸 막대그래프입니다. 은혜 마을의 자동차 수는 웃음 마을의 자동차 수의 몇 배인지 풀이 과정을 쓰고 답을 구해 보세요. (5점)

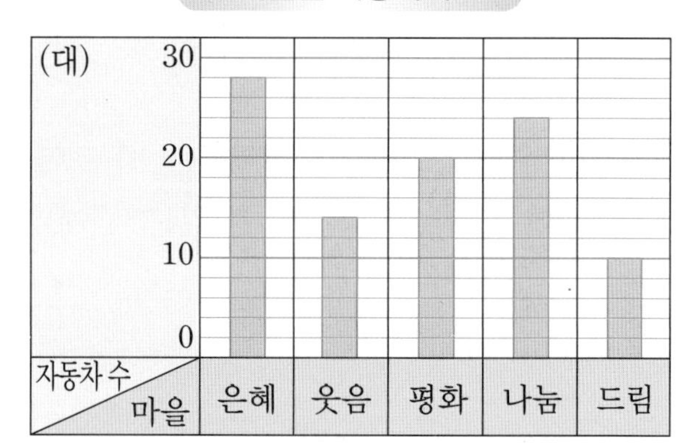

서술 길라잡이 은혜 마을과 웃음 마을의 자동차 수를 알아봅니다.

답 ____________

위 **2**의 막대그래프에서 자동차의 수가 평화 마을의 반이 되는 마을은 어느 마을인지 풀이 과정을 쓰고 답을 구해 보세요. (5점)

서술 길라잡이 먼저 평화 마을의 자동차 수의 반이 몇 대인지 구해 봅니다.

답 ____________

4 어느 문구점에 있는 구슬의 수를 색깔별로 조사하여 나타낸 표입니다. 표의 빈칸에 알맞은 수를 구하고 막대그래프를 완성해 보세요. (5점)

색깔별 구슬 수

색깔	빨강	노랑	파랑	초록	주황	합계
구슬 수(개)	40	80	70	120		400

색깔별 구슬 수

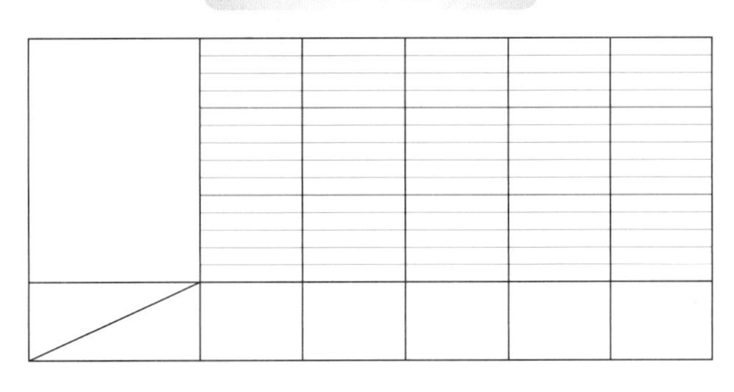

서술 길라잡이 표에서 합계를 이용하여 빈칸에 알맞은 수를 구해 봅니다.

답

5 양계장별 달걀 생산량을 조사하여 나타낸 막대그래프입니다. 가 양계장과 라 양계장의 암탉의 수가 같다고 할 수 있는지 '예' 또는 '아니요'로 대답하고 그 이유를 설명해 보세요. (5점)

양계장별 달걀 생산량

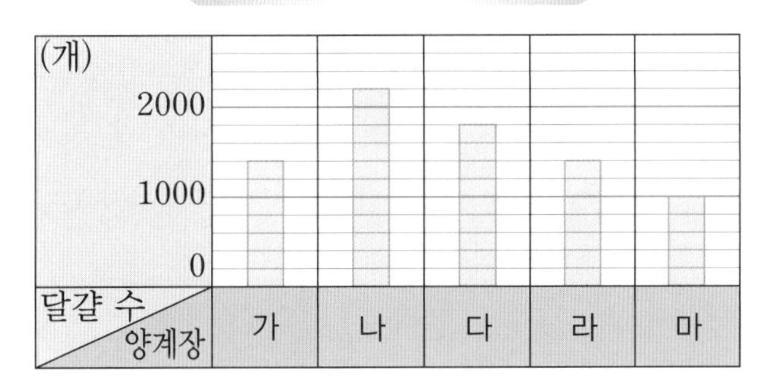

서술 길라잡이 양계장별 달걀 수와 암탉 수의 관계를 생각해 봅니다.

재미있는 미로찾기

꼬불꼬불~ 길을 따라 미로를 탈출해 보아요~

6 규칙 찾기

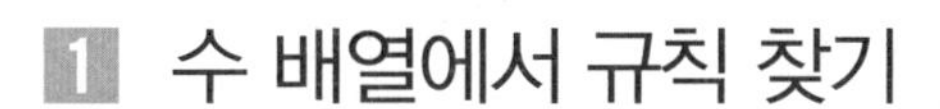

1 수 배열에서 규칙 찾기

2 도형의 배열에서 규칙 찾기(1)

3 등호(=)를 사용한 식 알아보기

4 도형의 배열에서 규칙 찾기(2)

5 계산식의 배열에서 규칙 찾기

6 계산식에서 규칙 찾기

7 규칙적인 계산식 찾기

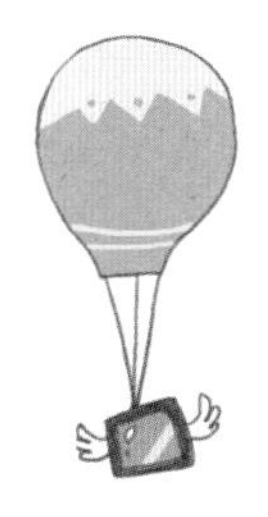

규칙적인 수의 배열에서 ㉠과 ㉡에 알맞은 수를 구하려고 합니다. 풀이 과정을 쓰고 답을 구해 보세요. (5점)

250	375	500	㉠	750	㉡

서술 길라잡이 오른쪽으로 몇씩 커지는 규칙인지 알아봅니다.

수의 배열에서 규칙을 찾아보면 오른쪽으로 125씩 커집니다.
따라서 ㉠에 알맞은 수는 $500+125=625$이고 ㉡에 알맞은 수는 $750+125=875$입니다.

답 ㉠: 625, ㉡: 875

평가 기준			
	규칙을 바르게 찾은 경우	3점	합 5점
	㉠과 ㉡에 알맞은 수를 바르게 구한 경우	2점	

서술형 완성하기

서술형 풀이를 완성하고 답을 써 보세요.

1 규칙적인 수의 배열에서 ㉠에 알맞은 수를 구하려고 합니다. 풀이 과정을 쓰고 답을 구해 보세요.

1235	1385	1535	1685	㉠	1985

수의 배열에서 규칙을 찾아보면 오른쪽으로 ☐씩 커집니다.
따라서 ㉠에 알맞은 수는 $1685+$☐$=$☐입니다.

답 ______

2 수 배열의 규칙에 맞게 ㉠에 들어갈 수를 구하려고 합니다. 풀이 과정을 쓰고 답을 구해 보세요.

1 — 4 — 16 — 64 — ㉠

수 배열의 규칙을 찾아보면 1부터 시작하여 ☐씩 곱해진 수가 오른쪽에 있습니다.
따라서 ㉠에 들어갈 수는 $64\times$☐$=$☐입니다.

답 ______

서술형 정복하기

1 규칙적인 수의 배열에서 ㉠과 ㉡에 알맞은 수를 구하려고 합니다. 풀이 과정을 쓰고 답을 구해 보세요. (5점)

9658	8458	7258	㉠	㉡	3658

서술 길라잡이 오른쪽으로 몇씩 작아지는지 규칙인지 알아봅니다.

답 ______

2 수 배열의 규칙에 맞게 ㉠에 들어갈 수를 구하려고 합니다. 풀이 과정을 쓰고 답을 구해 보세요. (5점)

서술 길라잡이 수의 배열에서 규칙을 찾을 때 수의 크기가 증가하면 덧셈 또는 곱셈을 활용하여 규칙을 찾아봅니다.

답 ______

3 수 배열의 규칙에 맞게 ㉠에 들어갈 수를 구하려고 합니다. 풀이 과정을 쓰고 답을 구해 보세요. (5점)

서술 길라잡이 수의 배열에서 규칙을 찾을 때 수의 크기가 감소하면 뺄셈 또는 나눗셈을 활용하여 규칙을 찾아봅니다.

답 ______

서술형 탐구

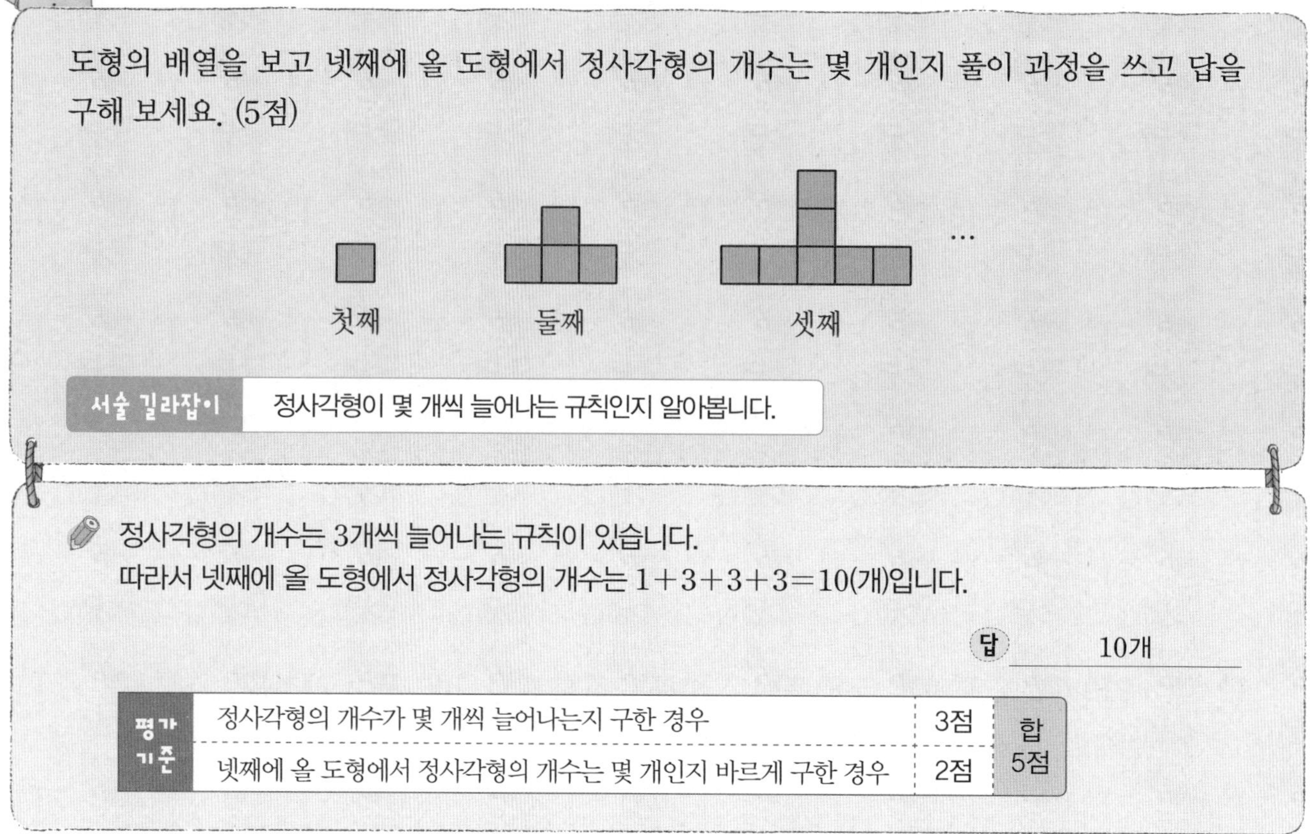

도형의 배열을 보고 넷째에 올 도형에서 정사각형의 개수는 몇 개인지 풀이 과정을 쓰고 답을 구해 보세요. (5점)

첫째 둘째 셋째 …

서술 길라잡이 정사각형이 몇 개씩 늘어나는 규칙인지 알아봅니다.

정사각형의 개수는 3개씩 늘어나는 규칙이 있습니다.
따라서 넷째에 올 도형에서 정사각형의 개수는 $1+3+3+3=10$(개)입니다.

답 10개

평가 기준			
평가 기준	정사각형의 개수가 몇 개씩 늘어나는지 구한 경우	3점	합 5점
	넷째에 올 도형에서 정사각형의 개수는 몇 개인지 바르게 구한 경우	2점	

서술형 완성하기

서술형 풀이를 완성하고 답을 써 보세요.

[1~2] 도형의 배열을 보고 물음에 답해 보세요.

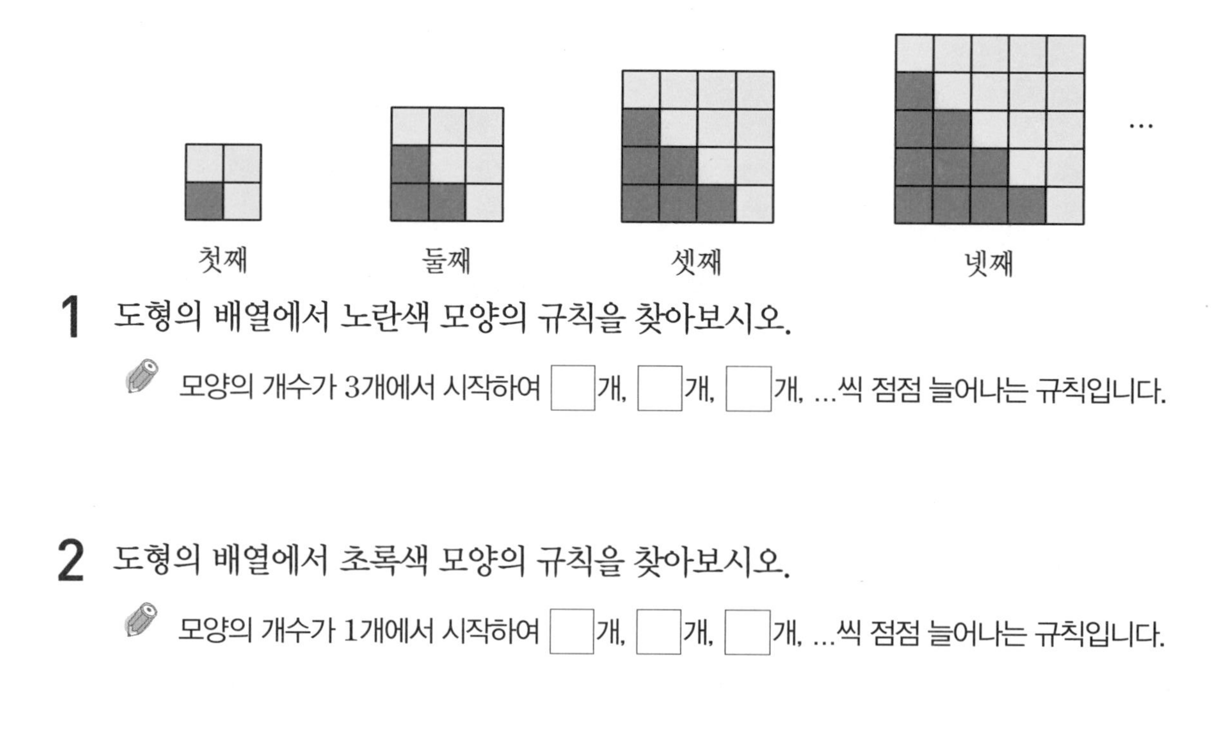

첫째 둘째 셋째 넷째 …

1 도형의 배열에서 노란색 모양의 규칙을 찾아보시오.

모양의 개수가 3개에서 시작하여 □개, □개, □개, …씩 점점 늘어나는 규칙입니다.

2 도형의 배열에서 초록색 모양의 규칙을 찾아보시오.

모양의 개수가 1개에서 시작하여 □개, □개, □개, …씩 점점 늘어나는 규칙입니다.

서술형 정복하기

1 도형의 배열을 보고 다섯째에 올 도형에서 정사각형의 개수는 몇 개인지 풀이 과정을 쓰고 답을 구해 보세요. (5점)

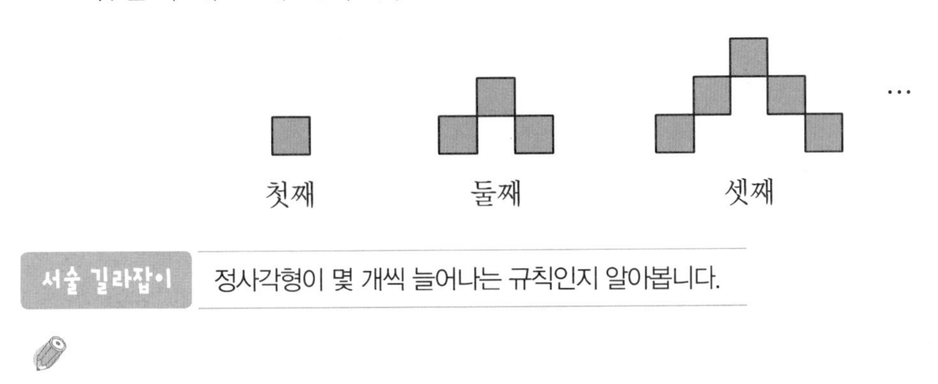

서술 길라잡이 정사각형이 몇 개씩 늘어나는 규칙인지 알아봅니다.

답

[2~3] 도형의 배열을 보고 물음에 답해 보세요.

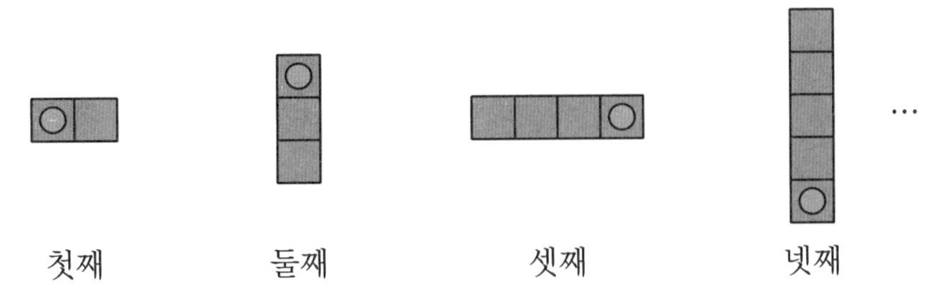

2 여섯째에 올 도형에서 정사각형의 개수는 몇 개인지 풀이 과정을 쓰고 답을 구해 보세요. (5점)

서술 길라잡이 정사각형이 몇 개씩 늘어나는 규칙인지 알아봅니다.

답

3 도형의 배열 규칙을 찾아 써 보세요. (5점)

서술 길라잡이 도형의 배열에서 ◯표시된 부분을 중심으로 살펴봅니다.

□ 안의 수를 바르게 고쳐 옳은 식을 만들려고 합니다. 옳은 식을 만드는 과정을 설명하고 답을 구해 보세요. (4점)

$46+29=50+\boxed{29}$

서술 길라잡이 등호(=) 양쪽의 수가 얼마만큼 커졌는지 비교해 봅니다.

더해지는 수가 46에서 50으로 4만큼 더 크므로 더하는 수는 29보다 4만큼 더 작아야 합니다.
따라서 □ 안의 수는 29보다 4만큼 더 작은 수인 25입니다.

답 25

평가 기준		
등호(=) 양쪽의 수가 얼마만큼 커졌는지 설명한 경우	2점	합 4점
□ 안의 수를 바르게 고친 경우	2점	

서술형 완성하기

서술형 풀이를 완성하고 답을 써 보세요.

1 □ 안의 수를 바르게 고쳐 옳은 식을 만들려고 합니다. 풀이 과정을 설명하고 답을 구해 보세요.

$67-15=63-\boxed{15}$

빼지는 수가 67에서 63으로 □만큼 작아졌으므로 빼는 수도
15에서 □만큼 작아져야 합니다.
따라서 □ 안의 수를 바르게 고치면 □입니다.

답 ____________

2 □ 안의 수를 바르게 고쳐 옳은 식을 만들려고 합니다. 풀이 과정을 설명하고 답을 구해 보세요.

$25\times6=50\times\boxed{6}$

곱해지는 수가 □에서 □으로 □배로 커졌으므로
곱하는 수는 □의 $\frac{1}{2}$배인 □이 되어야 합니다.
따라서 □ 안의 수를 바르게 고치면 □입니다.

답 ____________

서술형 정복하기

1 □ 안에 알맞은 수를 구하려고 합니다. 풀이 과정을 쓰고 답을 구해 보세요. (4점)

$$50 \div 2 = 150 \div \square$$

서술 길라잡이 등호(=) 양쪽의 나누어지는 수가 얼마만큼 커졌는지 비교해 봅니다.

답 ______________

2 계산 결과가 32가 되는 식을 모두 찾아 ○표 하고, 등호(=)를 사용하여 두 식을 하나의 식으로 나타내려고 합니다. 풀이 과정을 쓰고 답을 구해 보세요. (4점)

$28+4$	$22+12$	$41-9$
$63 \div 3$	8×4	$84 \div 2$

서술 길라잡이 계산 결과가 32가 되는 식을 모두 찾고 두 식을 등호(=)를 사용하여 하나의 식으로 나타냅니다.

답 ______________

3 □ 안에 알맞은 수를 구하려고 합니다. 풀이 과정을 쓰고 답을 구해 보세요. (4점)

$$50 \div 2 = 32 + 4 - \square$$

서술 길라잡이 등호(=) 왼쪽의 계산 결과와 오른쪽의 계산 결과가 같음을 이용합니다.

답 ______________

그림과 같은 규칙으로 구슬을 놓으려고 합니다. 처음부터 넷째까지 놓이는 구슬을 모두 더하면 몇 개인지 풀이 과정을 쓰고 답을 구해 보세요. (5점)

…

서술 길라잡이 먼저 구슬을 어떤 규칙으로 놓았는지 알아봅니다.

구슬이 2개씩 많아지는 규칙이므로 넷째에는 $5+2=7$(개) 놓입니다.
따라서 처음부터 넷째까지 놓이는 구슬을 모두 더하면 $1+3+5+7=8\times2=16$(개)입니다.

답 16개

평가 기준			
구슬이 놓인 규칙을 바르게 설명한 경우	2점	합 5점
처음부터 넷째까지 놓이는 구슬 수의 합을 구한 경우	3점	

서술형 완성하기

서술형 풀이를 완성하고 답을 써 보세요.

1 그림과 같은 규칙으로 조개껍데기를 놓으려고 합니다. 처음부터 넷째까지 놓이는 조개껍데기를 모두 더하면 몇 개인지 풀이 과정을 쓰고 답을 구해 보세요.

…

조개껍데기가 □개씩 많아지는 규칙이므로 넷째에는 $5+$□$=$□(개) 놓입니다.
따라서 처음부터 넷째까지 놓이는 조개껍데기를 모두 더하면
$1+3+5+$□$=$□$\times2=$□(개)입니다.

답 ______

2 그림과 같은 규칙으로 쌓기나무를 놓으려고 합니다. 처음부터 여섯째까지 놓이는 쌓기나무를 모두 더하면 몇 개인지 풀이 과정을 쓰고 답을 구해 보세요.

…

쌓기나무가 □개씩 많아지는 규칙이므로 다섯째에는 □개, 여섯째에는 □개 놓입니다.
따라서 처음부터 여섯째까지 놓이는 쌓기나무를 모두 더하면
$2+4+6+8+$□$+$□$=$□$\times3=$□(개)입니다.

답 ______

서술형 정복하기

1 그림과 같은 규칙으로 콩을 놓으려고 합니다. 처음부터 넷째까지 놓이는 콩을 모두 더하면 몇 개인지 풀이 과정을 쓰고 답을 구해 보세요. (5점)

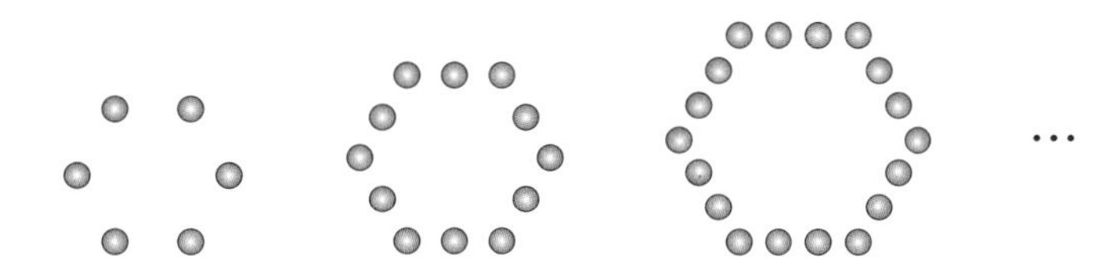

서술 길라잡이 먼저 콩을 어떤 규칙으로 놓았는지 알아봅니다.

답 ______

2 그림과 같은 규칙으로 공깃돌을 놓으려고 합니다. 처음부터 여섯째까지 놓이는 공깃돌을 모두 더하면 몇 개인지 풀이 과정을 쓰고 답을 구해 보세요. (5점)

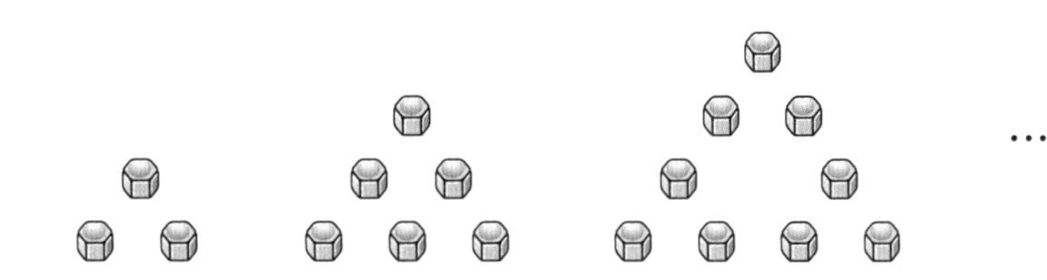

서술 길라잡이 먼저 공깃돌을 어떤 규칙으로 놓았는지 알아봅니다.

답 ______

3 그림과 같은 규칙으로 10원짜리 동전을 놓으려고 합니다. 처음부터 여섯째까지 놓인 동전의 금액은 모두 얼마인지 풀이 과정을 쓰고 답을 구해 보세요. (6점)

서술 길라잡이 먼저 동전을 어떤 규칙으로 놓았는지 알아봅니다.

답 ______

계산식 배열의 규칙을 설명하고, 그 규칙에 맞게 빈칸에 들어갈 식을 써 보세요. (5점)

$150+210=360$
$250+310=560$
$350+410=760$
□

서술 길라잡이 | 계산식 배열에서 규칙을 찾아봅니다.

백의 자리 수가 각각 1씩 커지는 두 수의 합은 200씩 커집니다.
따라서 빈칸에 들어갈 식은 $450+510=960$입니다.

평가 기준			
평가 기준	규칙을 바르게 설명한 경우	2점	합 5점
	빈칸에 들어갈 식을 바르게 써넣은 경우	3점	

서술형 완성하기

서술형 풀이를 완성하고 답을 써 보세요.

1 계산식 배열의 규칙을 설명하고, 그 규칙에 맞게 빈칸에 들어갈 식을 써 보세요.

$570-400=170$
$670-300=370$
$770-200=570$
□

빼지는 수가 100씩 커지고, 빼는 수가 □씩 작아지면 두 수의 차는 □씩 커집니다.
따라서 빈칸에 들어갈 식은 $870-$□$=$□입니다.

2 계산식 배열의 규칙을 설명하고, 그 규칙에 맞게 빈칸에 들어갈 식을 써 보세요.

$12\times5=60$
$24\times5=120$
$36\times5=180$
□

곱해지는 수가 2배, 3배, 4배씩 커지면 곱은 □배, □배, 4배씩 커집니다.
따라서 빈칸에 들어갈 식은 □$\times5=$□입니다.

서술형 정복하기

1 계산식 배열의 규칙을 설명하고, 그 규칙에 맞게 빈칸에 들어갈 식을 써 보세요. (5점)

$$450+150=600$$
$$550+200=750$$
$$650+250=900$$

서술 길라잡이 | 계산식 배열에서 규칙을 찾아봅니다.

2 계산식 배열의 규칙을 설명하고, 그 규칙에 맞게 빈칸에 들어갈 식을 써 보세요. (5점)

$$125\times4=500$$
$$125\times8=1000$$
$$125\times12=1500$$

서술 길라잡이 | 계산식 배열에서 규칙을 찾아봅니다.

3 계산식 배열의 규칙을 설명하고, 그 규칙에 맞게 빈칸에 들어갈 식을 써 보세요. (5점)

$$80\div16=5$$
$$160\div16=10$$
$$240\div16=15$$

서술 길라잡이 | 계산식 배열에서 규칙을 찾아봅니다.

계산식에서 규칙을 찾아 설명하고, 넷째 빈칸에 알맞은 식을 써 보세요. (5점)

순서	계산식
첫째	$1+3=4$
둘째	$1+3+5=9$
셋째	$1+3+5+7=16$
넷째	$1+3+5+7+9=25$

서술 길라잡이 계산식에서 규칙을 찾아봅니다.

1부터 연속적인 홀수의 합은 홀수의 개수를 두 번 곱한 것과 같습니다.
따라서 넷째 빈칸에 알맞은 식은 $1+3+5+7+9=25$입니다.

평가 기준			
	규칙을 바르게 설명한 경우	2점	합 5점
	빈칸에 들어갈 식을 바르게 써넣은 경우	3점	

서술형 완성하기

서술형 풀이를 완성하고 답을 써 보세요.

1 계산식에서 규칙을 찾아 설명하고, 넷째 빈칸에 알맞은 식을 써 보세요.

순서	계산식
첫째	$5\times2+1=11$
둘째	$55\times2+1=111$
셋째	$555\times2+1=1111$
넷째	

5, 55, 555와 같이 자릿수가 하나씩 늘어난 수에 각각 ☐를 곱하고 ☐을 더하면
계산 결과는 11, 111, ☐과 같이 됩니다.
따라서 넷째 빈칸에 알맞은 식은 $5555\times$☐+☐=☐입니다.

2 위 1의 규칙을 이용하여 계산 결과가 111111이 나오는 계산식을 쓰려고 합니다. 풀이 과정을 쓰고 답을 구해 보세요.

계산 결과가 111111이 나오는 계산식은 ☐째입니다.
따라서 계산식을 써 보면 $55555\times$☐+☐=☐입니다.

답 ________________

서술형 정복하기

1 계산식에서 규칙을 찾아 설명하고, 넷째 빈칸에 알맞은 식을 써 보세요. (5점)

순서	계산식
첫째	$132 \div 11 = 12$
둘째	$264 \div 22 = 12$
셋째	$396 \div 33 = 12$
넷째	

서술 길라잡이 계산식에서 규칙을 찾아봅니다.

2 계산식에서 규칙을 찾아 설명하고, 넷째 빈칸에 알맞은 식을 써 보세요. (5점)

순서	계산식
첫째	$900-700+500=700$
둘째	$800-600+400=600$
셋째	$700-500+300=500$
넷째	

서술 길라잡이 계산식에서 규칙을 찾아봅니다.

3 위 **2**의 규칙을 이용하여 계산 결과가 300이 나오는 계산식을 쓰려고 합니다. 풀이 과정을 쓰고 답을 구해 보세요. (5점)

서술 길라잡이 계산식에서 규칙을 찾아봅니다.

답 ____________________

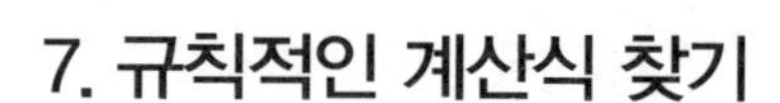

수 배열표에서 규칙적인 계산식을 찾고, 찾은 규칙을 설명해 보시오. (5점)

125	126	127	128	129
130	131	132	133	134

서술 길라잡이 수 배열표에서 규칙적인 계산식을 찾아봅니다.

예 $125+131=126+130$, $126+132=127+131$,
$127+133=128+132$, $128+134=129+133$
↘ 방향의 수의 합과 ↙ 방향의 수의 합은 같습니다.

평가 기준			
	규칙적인 계산식을 찾은 경우	3점	합 5점
	찾은 규칙을 바르게 설명한 경우	2점	

서술형 완성하기

서술형 풀이를 완성하고 답을 써 보세요.

1 수 배열표에서 규칙적인 계산식을 찾고, 찾은 규칙을 설명해 보시오.

245	247	249	251	253
255	257	259	261	263

예 $255-245=\square$, $257-247=\square$, $259-249=\square$,
$261-251=\square$, $263-253=\square$
둘째 줄에 있는 수와 첫째 줄에 있는 수의 차는 항상 □입니다.

2 수 배열표에서 규칙적인 계산식을 찾고, 찾은 규칙을 설명해 보시오.

357	356	355	354	353
352	351	350	349	348

예 $357+356+355=356\times\square$, $356+355+354=355\times\square$,
$355+354+353=354\times\square$
연속된 세 수의 합은 가운데 있는 수의 □배와 같습니다.

서술형 정복하기

1 수 배열표에서 규칙적인 계산식을 찾고, 찾은 규칙을 설명해 보시오. (5점)

150	152	154	156	158
160	162	164	166	168
170	172	174	176	178

서술 길라잡이 수 배열표에서 규칙적인 계산식을 찾아봅니다.

2 달력에서 규칙적인 계산식을 찾고, 찾은 규칙을 설명해 보시오. (5점)

일	월	화	수	목	금	토
1	2	3	4	5	6	7
8	9	10	11	12	13	14
15	16	17	18	19	20	21
22	23	24	25	26	27	28
29	30	31				

서술 길라잡이 달력에서 규칙적인 계산식을 찾아봅니다.

3 엘리베이터 버튼의 수 배열에서 규칙적인 계산식을 찾고, 찾은 규칙을 설명해 보시오. (5점)

서술 길라잡이 엘리베이터 버튼의 수 배열에서 규칙적인 계산식을 찾아봅니다.

실전! 서술형

1 규칙적인 수의 배열에서 ㉠과 ㉡에 알맞은 수를 구하려고 합니다. 풀이 과정을 쓰고 답을 구해 보세요. (4점)

4238	5248	6258	㉠	㉡	9288

서술 길라잡이 오른쪽으로 몇씩 커지는 규칙인지 알아봅니다.

답

2 도형의 배열을 보고 넷째에 올 도형에서 정사각형의 개수는 몇 개인지 풀이 과정을 쓰고 답을 구해 보세요. (5점)

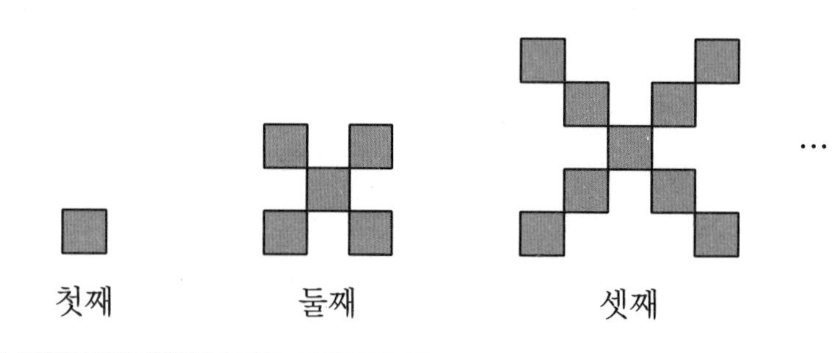

서술 길라잡이 정사각형이 몇 개씩 늘어나는 규칙인지 알아봅니다.

답

3 그림과 같이 공을 놓았습니다. 처음부터 여섯째까지 놓이는 공을 모두 더하면 몇 개인지 풀이 과정을 쓰고 답을 구해 보세요. (5점)

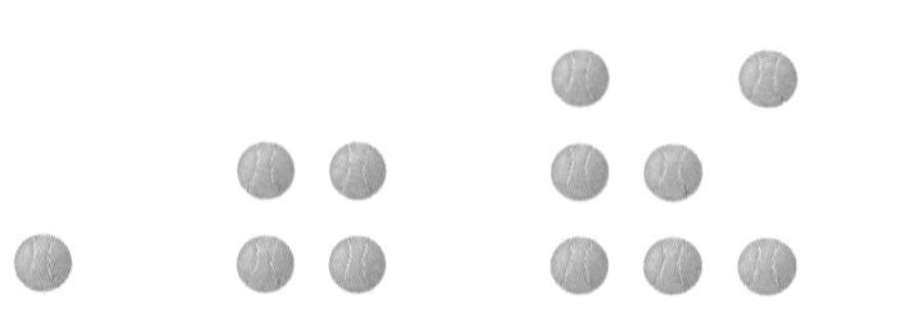

서술 길라잡이 먼저 공을 어떤 규칙으로 놓았는지 알아봅니다.

답

4 계산식 배열의 규칙을 설명하고, 그 규칙에 맞게 빈칸에 들어갈 식을 써 보세요. (5점)

$120 \div 15 = 8$
$240 \div 15 = 16$
$360 \div 15 = 24$

서술 길라잡이 계산식 배열에서 규칙을 찾아봅니다.

5 계산식에서 규칙을 찾아 설명하고, 넷째 빈칸에 알맞은 식을 써 보세요. (5점)

순서	계산식
첫째	$400+500-300=600$
둘째	$500+600-400=700$
셋째	$600+700-500=800$
넷째	

서술 길라잡이 계산식에서 규칙을 찾아봅니다.

6 수 배열표에서 규칙적인 계산식을 찾고, 찾은 규칙을 설명해 보시오. (5점)

145	150	155	160	165
170	175	180	185	190
195	200	205	210	215

서술 길라잡이 수 배열표에서 규칙적인 계산식을 찾아봅니다.

재미있는 미로찾기

꼬불꼬불~ 길을 따라 미로를 탈출해 보아요~

Memo

Memo

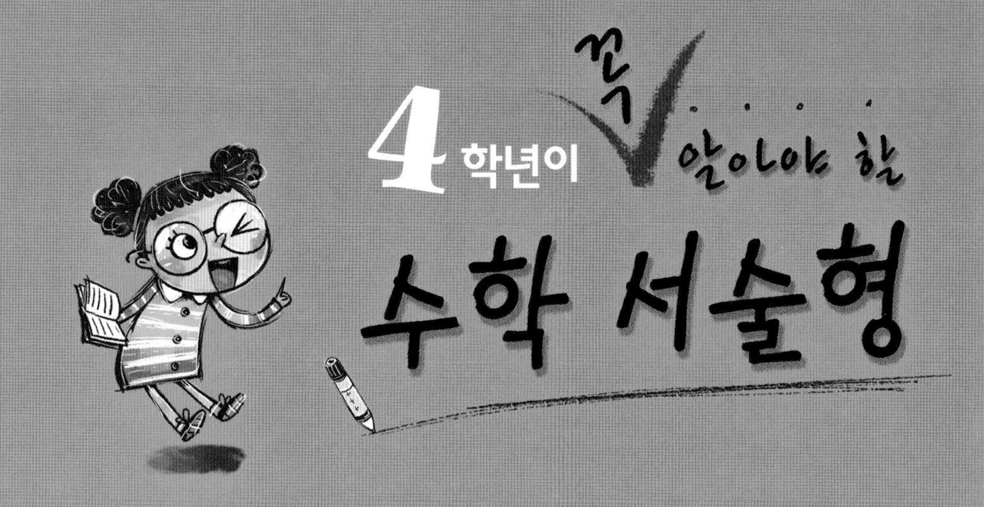
4 학년이 꼭 알아야 할
수학 서술형

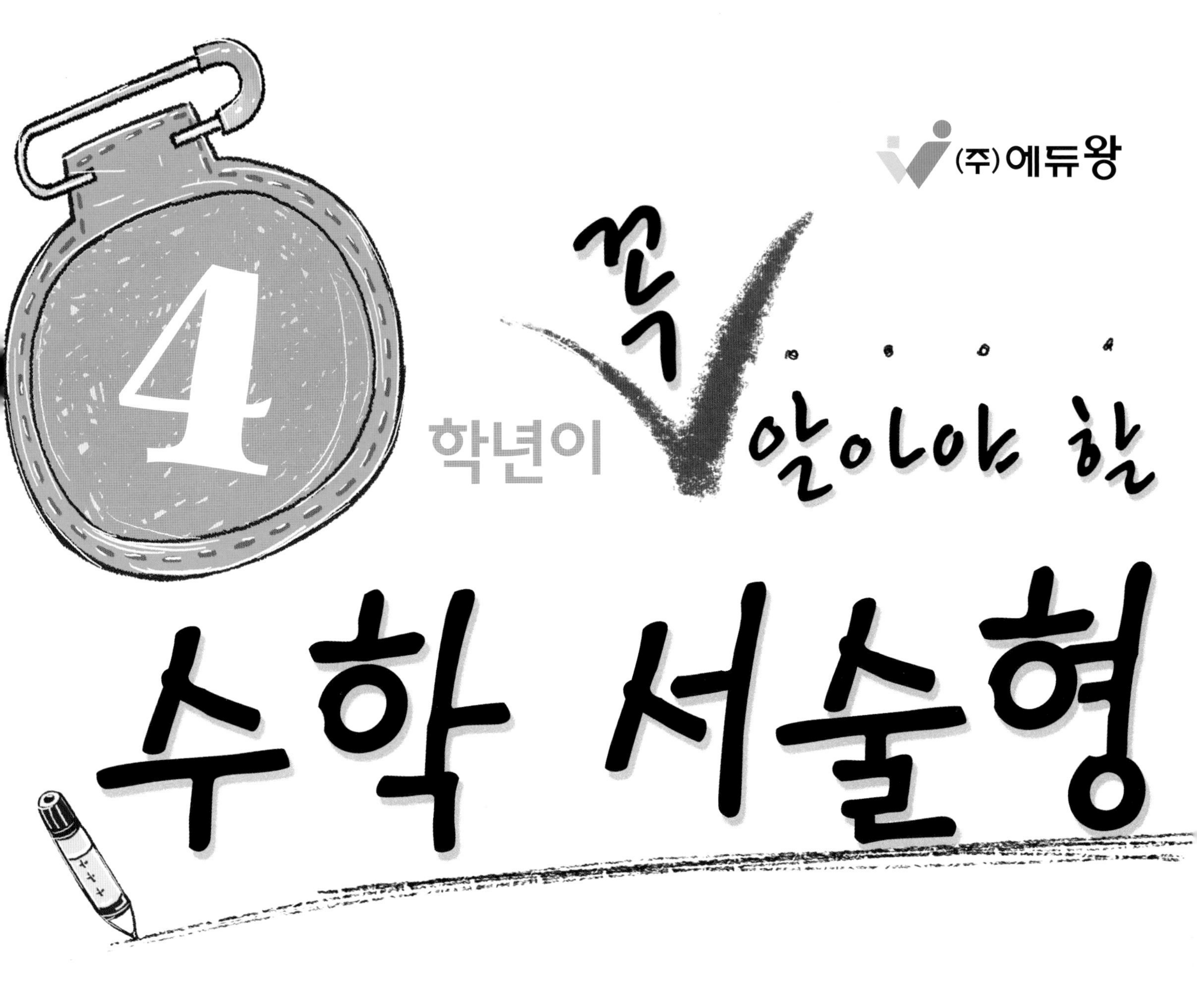
(주) 에듀왕
4 학년이 꼭 알아야 할
수학 서술형

정답과 풀이
(주) 에듀왕
www.eduwang.com

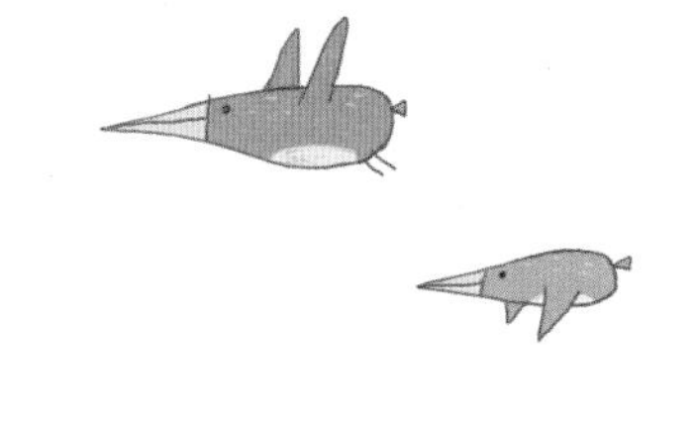

정답과 풀이

정답과 풀이

1 큰 수

1. 다섯 자리 수 알아보기

서술형 완성하기 p. 4

1 80000, 0, 80000, 0, 85037

답 85037

2 60000, 30, 60000, 30, 62530

답 62530원

서술형 정복하기 p. 5

1

10000원짜리 2장은 20000원, 1000원짜리 8장은 8000원, 100원짜리 5개는 500원입니다.
따라서 동민이가 받은 용돈은 모두
20000＋8000＋500＝28500(원)입니다.

답 28500원

평가 기준			
	각 화폐가 나타내는 금액을 모두 바르게 설명한 경우	3점	합 5점
	용돈이 모두 얼마인지 구한 경우	2점	

2

10000원짜리 5장은 50000원, 1000원짜리 21장은 21000원, 100원짜리 4개는 400원, 10원짜리 37개는 370원입니다.
따라서 신영이가 한 달 동안 모은 돈은 모두
50000＋21000＋400＋370＝71770(원)입니다.

답 71770원

평가 기준			
	각 화폐가 나타내는 금액을 모두 바르게 설명한 경우	3점	합 5점
	모은 돈이 모두 얼마인지 구한 경우	2점	

3

100원짜리 동전 17개를 더 저금하면 100원짜리 동전은 모두 9＋17＝26(개)가 됩니다.
10000원짜리 8장은 80000원, 1000원짜리 4장은 4000원, 100원짜리 26개는 2600원, 10원짜리 30개는 300원입니다.
따라서 석기의 저금통에 들어 있는 돈은 모두
80000＋4000＋2600＋300＝86900(원)이 됩니다.

답 86900원

평가 기준			
	더 저금한 후 100원짜리 동전 개수의 변화를 설명한 경우	2점	합 6점
	각 화폐가 나타내는 금액을 모두 바르게 설명한 경우	2점	
	저금통에 들어 있는 돈이 모두 얼마가 되는지 구한 경우	2점	

2. 큰 수에서 0의 개수 알아보기

서술형 완성하기 p. 6

1 40, 40, 324002500000
/ 324002500000, 7

답 7개

2 170, 17093550000 / 17093550000, 5

답 5개

서술형 정복하기 p. 7

1

억이 18개이면 18억 ➡ 1800000000
10만이 50개이면 500만 ➡ 5000000
만이 76개이면 76만 ➡ 760000
1805760000

따라서 10자리 수로 나타내면 1805760000이므로 0은 모두 5개입니다.

답 5개

평가 기준			
	10자리 수로 바르게 나타낸 경우	3점	합 5점
	0의 개수를 구한 경우	2점	

2

100억이 41개이면 4100억 ➡ 410000000000
억이 60개이면 60억 ➡ 6000000000
1000만이 9개이면 9000만 ➡ 90000000
만이 30개이면 30만 ➡ 300000
416090300000

따라서 12자리 수로 나타내면

416090300000이므로 0은 모두 7개입니다.

답 7개

평가 기준			
평가 기준	12자리 수로 바르게 나타낸 경우	3점	합 5점
	0의 개수를 구한 경우	2점	

3

100억이 70개이면 7000억 ➡ 700000000000
억이 30개이면 30억 ➡ 3000000000
100만이 50개이면 5000만 ➡ 50000000
703050000000

따라서 12자리 수로 나타내면 703050000000이므로 0은 모두 9개입니다.

답 9개

평가 기준			
평가 기준	12자리 수로 바르게 나타낸 경우	3점	합 5점
	0의 개수를 구한 경우	2점	

3. 큰 수 만들기

서술형 완성하기 p. 8

1 1, 2, 3, 4, 5, 6, 7 답 12034567

2 9, 8, 5, 4, 2, 1, 0 답 98574210

서술형 정복하기 p. 9

1

만의 자리 숫자가 6인 다섯 자리 수는 6□□□□입니다.
가장 큰 수는 남은 숫자 카드를 가장 높은 자리에 큰 수부터 차례대로 놓으면 69841이고, 가장 작은 수는 남은 숫자 카드를 가장 높은 자리에 작은 수부터 차례대로 놓으면 61489입니다.

답 가장 큰 수: 69841
가장 작은 수: 61489

평가 기준			
평가 기준	만의 자리 숫자가 6인 가장 큰 다섯 자리 수를 만든 경우	2점	합 4점
	만의 자리 숫자가 6인 가장 작은 다섯 자리 수를 만든 경우	2점	

2

억의 자리 숫자가 5인 10자리 수는 □5□□□□□□□□입니다.
가장 작은 수를 만들어야 하므로 남은 숫자를 가장 높은 자리에 작은 숫자부터 차례대로 □ 안에 써넣으면 되는데 0은 맨 앞자리에 올 수 없으므로 1502346789입니다.

답 1502346789

평가 기준			
평가 기준	억의 자리 숫자가 5인 10자리 수의 형태를 알고 있는 경우	2점	합 5점
	조건에 알맞은 10자리 수를 만든 경우	3점	

3

만들 수 있는 8자리 수 중에서 가장 큰 수는 44332211이고, 두 번째로 큰 수는 44332210입니다.
만들 수 있는 8자리 수 중에서 가장 작은 수는 10012233이고, 두 번째로 작은 수는 10012234입니다.
따라서 두 번째로 큰 수와 두 번째로 작은 수의 차는 44332210−10012234=34319976입니다.

답 34319976

평가 기준			
평가 기준	두 번째로 큰 수를 만든 경우	2점	합 6점
	두 번째로 작은 수를 만든 경우	2점	
	두 번째로 큰 수와 두 번째로 작은 수의 차를 구한 경우	2점	

4. 뛰어세기(1)

서술형 완성하기 p. 10

1 245억, 255억, 십억, 1, 10억

2 100만, 100만, 1558만 답 1558만

서술형 정복하기 p. 11

1

483조에서 한 번 뛰어 484조가 되었습니다.
따라서 조의 자리 숫자가 1씩 커졌으므로 1조씩 뛰어 센 것입니다.

답 486조, 487조

평가 기준			
평가 기준	빈 곳에 알맞은 수를 써넣은 경우	2점	합 4점
	얼마씩 뛰어 센 것인지 바르게 설명한 경우	2점	

2

195조에서 395조까지 2번 뛰어 센 것의 차가 200조이므로 100조씩 뛰어 센 것입니다.
따라서 ㉠에 알맞은 수는 395조보다 100조 큰 수인 495조입니다.

답 495조

평가 기준			
평가 기준	얼마씩 뛰어 센 것인지 바르게 구한 경우	3점	합 5점
	㉠에 알맞은 수를 바르게 구한 경우	2점	

3

157조 3000억에서 커지는 규칙으로 1000억씩 5번 뛰어 세면
157조 3000억 — 157조 4000억
— 157조 5000억 — 157조 6000억
— 157조 7000억 — 157조 8000억
이므로 157조 8000억입니다.

답 157조 8000억

평가 기준			
평가 기준	1000억씩 뛰어 세기를 바르게 한 경우	3점	합 5점
	1000억씩 5번 뛰어 센 수를 바르게 구한 경우	2점	

5. 뛰어세기(2)

서술형 완성하기 p. 12

1 7조 6000억, 6조 7000억, 6조 7000억

답 6조 7000억

2 2조 4500억, 2조 3000억, 2조 2000억, 2조 2000억

답 2조 2000억

서술형 정복하기 p. 13

1

1000억씩 큰 수로 3번 뛰어 센 수가 12조이므로 어떤 수는 12조에서 1000억씩 작은 수로 3번 뛰어 세어 구할 수 있습니다.
12조 — 11조 9000억 — 11조 8000억
— 11조 7000억
따라서 어떤 수는 11조 7000억입니다.

답 11조 7000억

평가 기준			
평가 기준	어떤 수를 구하는 방법을 제시한 경우	2점	합 5점
	바르게 뛰어 세어 어떤 수를 구한 경우	3점	

2

4000억씩 큰 수로 10번 뛰어 센 수가 6조 1000억이므로 어떤 수는 6조 1000억에서 4000억씩 작은 수로 10번 뛰어 세어 구할 수 있습니다.
6조 1000억 — 5조 7000억 — 5조 3000억
—4조 9000억 — 4조 5000억 — 4조 1000억
—3조 7000억 — 3조 3000억 — 2조 9000억
—2조 5000억 — 2조 1000억
따라서 어떤 수는 2조 1000억입니다.

답 2조 1000억

평가 기준			
평가 기준	어떤 수를 구하는 방법을 제시한 경우	2점	합 5점
	바르게 뛰어 세어 어떤 수를 구한 경우	3점	

3

600억씩 작은 수로 5번 뛰어 센 수가 20조 9200억이므로 어떤 수는 20조 9200억에서 600억씩 큰 수로 5번 뛰어 세어 구할 수 있습니다.
20조 9200억 — 20조 9800억 — 21조 400억
— 21조 1000억 — 21조 1600억
— 21조 2200억
따라서 어떤 수는 21조 2200억입니다.

답 21조 2200억

평가 기준			
평가 기준	어떤 수를 구하는 방법을 제시한 경우	2점	합 5점
	바르게 뛰어 세어 어떤 수를 구한 경우	3점	

6. 수의 크기 비교하기(1)

서술형 완성하기 p. 14

1 8, 7
2 10, >, 0, >, ㉡ 답 ㉡

서술형 정복하기 p. 15

1

두 수의 자릿수를 비교했을 때 자릿수가 적은 쪽이 더 작은 수입니다.
7694200853은 10자리 수이고,
42056730800은 11자리 수입니다.
따라서 7694200853<42056730800입니다.

평가 기준			
평가 기준	두 수의 크기 비교 방법을 제시한 경우	2점	합 4점
	두 수의 크기를 바르게 비교한 경우	2점	

2

두 수는 모두 11자리 수이므로 가장 높은 자리의 숫자부터 차례대로 비교하여 숫자가 큰 쪽이 더 큰 수입니다.
백억의 자리 숫자는 같으므로 십억의 자리를 비교하면 3>2입니다.
따라서 534억 89만>529억 7484만이므로 더 큰 수는 ㉠입니다.

답 ㉠

평가 기준			
평가 기준	두 수의 크기 비교 방법을 제시한 경우	3점	합 5점
	두 수의 크기를 비교하여 더 큰 수의 기호를 쓴 경우	2점	

3

두 수는 모두 8자리 수이므로 가장 높은 자리의 숫자부터 차례대로 비교하여 숫자가 작은 쪽이 더 작은 수입니다.
㉠의 십만의 자리 숫자가 9이므로 ㉡의 □ 안에 9가 들어간다고 생각하면 천만의 자리부터 만의 자리까지 숫자가 모두 같으므로 천의 자리를 비교하면 5>3입니다.
따라서 27905814>27903965이므로 더 작은 수는 ㉡입니다.

답 ㉡

평가 기준			
평가 기준	두 수의 크기 비교 방법을 제시한 경우	3점	합 6점
	두 수의 크기를 비교하여 더 작은 수의 기호를 쓴 경우	3점	

7. 수의 크기 비교(2)

서술형 완성하기 p. 16

1 ㉠ 6, 7, 8, 9 ㉡ 6, 6, 6, 7, 8, 9 / 7, 8, 9 답 7, 8, 9

서술형 정복하기 p. 17

1

두 수의 자릿수가 같으므로 가장 높은 자리의 숫자부터 차례대로 비교하면 천억, 백억의 자리 숫자가 모두 같습니다. 십억의 자리는 비교할 수 없으므로 억의 자리를 비교하면 2<7입니다.
따라서 □ 안에는 6과 같거나 6보다 큰 숫자가 들어가야 하므로 □ 안에 들어갈 수 있는 숫자는 6, 7, 8, 9입니다.

답 6, 7, 8, 9

평가 기준			
평가 기준	□ 안에 들어갈 수 있는 숫자의 조건을 설명한 경우	3점	합 5점
	□ 안에 들어갈 수 있는 숫자를 모두 구한 경우	2점	

2

두 수의 자릿수가 같으므로 가장 높은 자리의 숫자부터 차례대로 비교하면 일조, 천억의 자리 숫자가 모두 같습니다. 백억의 자리는 비교할 수 없으므로 십억의 자리를 비교하면 3>0입니다.
따라서 □ 안에는 4보다 작은 수가 들어가야 하므로 □ 안에 들어갈 수 있는 숫자는 0, 1, 2, 3입니다.

답 0, 1, 2, 3

평가 기준	□ 안에 들어갈 수 있는 숫자의 조건을 설명한 경우	3점	합 5점
	□ 안에 들어갈 수 있는 숫자를 모두 구한 경우	2점	

3

㉠ 두 수의 자릿수와 천만의 자리 숫자가 같으므로 십만의 자리를 비교하면 5>3입니다.
➡ □ 안에는 4보다 큰 숫자가 들어가야 하므로 □ 안에 들어갈 수 있는 숫자는 5, 6, 7, 8, 9입니다.
㉡ 두 수의 자릿수와 십억의 자리부터 백만의 자리까지 숫자가 모두 같으므로 만의 자리를 비교하면 6<7입니다.
➡ □ 안에는 6보다 작은 수가 들어가야 하므로 □ 안에 들어갈 수 있는 숫자는 0, 1, 2, 3, 4, 5입니다.
따라서 □ 안에 공통으로 들어갈 수 있는 숫자는 5입니다.

답 5

평가 기준	㉠의 □ 안에 들어갈 수 있는 숫자를 모두 구한 경우	2점	합 6점
	㉡의 □ 안에 들어갈 수 있는 숫자를 모두 구한 경우	2점	
	㉠과 ㉡의 □ 안에 공통으로 들어갈 수 있는 숫자를 구한 경우	2점	

실전! 서술형 p. 18 ~ 19

1

10000원짜리 5장은 50000원, 1000원짜리 7장은 7000원, 100원짜리 14개는 1400원, 10원짜리 22개는 220원입니다.
따라서 동민이가 한 달 동안 모은 돈은 모두 50000+7000+1400+220=58620(원)입니다.

답 58620원

평가 기준	각 화폐가 나타내는 금액을 모두 바르게 설명한 경우	3점	합 5점
	한 달 동안 모은 돈이 모두 얼마인지 구한 경우	2점	

2

100억이 20개이면 2000억 ➡ 200000000000
10억이 49개이면 490억 ➡ 49000000000
만이 65개이면 65만 ➡ 650000
249000650000

따라서 12자리 수로 나타내면 249000650000이므로 0은 모두 7개입니다.

답 7개

평가 기준	12자리 수로 바르게 나타낸 경우	3점	합 5점
	0의 개수를 구한 경우	2점	

3

천만의 자리 숫자가 7인 10자리 수는 □□7□□□□□□□입니다.
가장 작은 수를 만들어야 하므로 남은 숫자를 가장 높은 자리에 작은 숫자부터 차례대로 □ 안에 써넣으면 되는데 0은 맨 앞자리에 올 수 없으므로 1072345689입니다.

답 1072345689

평가 기준	천만의 자리 숫자가 7인 10자리 수의 형태를 알고 있는 경우	2점	합 5점
	조건에 알맞은 10자리 수를 만든 경우	3점	

4

800억씩 큰 수로 6번 뛰어 센 수가 5조 1200억이므로 어떤 수는 5조 1200억에서 800억씩 작은 수로 6번 뛰어 세어 구할 수 있습니다.
5조 1200억 − 5조 400억 − 4조 9600억 −4조 8800억 − 4조 8000억 − 4조 7200억 −4조 6400억
따라서 어떤 수는 4조 6400억입니다.

답 4조 6400억

평가 기준	어떤 수를 구하는 방법을 제시한 경우	3점	합 5점
	바르게 뛰어 세어 어떤 수를 구한 경우	2점	

5

1억 3705만을 수로 나타내면 137050000입니다.

두 수의 자릿수를 비교하면 자릿수가 많은 쪽이 더 큰 수입니다.
137050000은 9자리 수이고 89267400은 8자리 수이므로 137050000 > 89267400입니다.
따라서 2024년도 수출액이 더 많은 회사는 가 회사입니다.

답 가 회사

평가 기준			
	수출액의 비교 방법을 제시한 경우	3점	합 5점
	수출액을 비교하여 2024년도 수출액이 더 많은 회사를 쓴 경우	2점	

6

두 수의 자릿수가 같으므로 가장 높은 자리의 숫자부터 차례대로 비교하면 십억의 자리부터 천만의 자리까지 숫자가 모두 같습니다. 백만의 자리는 비교할 수 없으므로 십만의 자리를 비교하면 $0 < 8$입니다.
따라서 □ 안에는 5보다 작은 숫자가 들어가야 하므로 □ 안에 들어갈 수 있는 숫자는 0, 1, 2, 3, 4로 모두 5개입니다.

답 5개

평가 기준			
	□ 안에 들어갈 수 있는 숫자의 조건을 설명한 경우	3점	합 6점
	□ 안에 들어갈 수 있는 숫자를 모두 구하여 개수를 쓴 경우	3점	

쉬어 가기 p. 20

2 각도

1. 각의 크기 재기

서술형 완성하기 p. 22

1 오른쪽, 30 답 30°

2 왼쪽, 100, 신영 답 신영

서술형 정복하기 p. 23

1

㉡은 각의 기준이 되는 선이 각도기의 오른쪽 밑금에 맞추어져 있으므로 각도기의 오른쪽 눈금 0에서 왼쪽으로 매겨진 안쪽 눈금을 읽으면 45°입니다.

답 ㉡

평가 기준			
	각도를 잘못 읽은 것을 바르게 찾은 경우	2점	합 4점
	각도를 읽는 방법을 제시하여 이유를 바르게 설명한 경우	2점	

2

각의 기준이 되는 선이 각도기의 오른쪽 밑금에 맞추어져 있으므로 각도기의 오른쪽 눈금 0에서 왼쪽으로 매겨진 안쪽 눈금을 읽으면 65°입니다.

답 65°

평가 기준			
	각 ㄹㄴㄷ의 크기를 바르게 읽은 경우	3점	합 5점
	각도를 읽는 방법을 제시하여 이유를 바르게 설명한 경우	2점	

3

각의 기준이 되는 선이 각도기의 왼쪽 밑금에 맞추어져 있으므로 각도기의 왼쪽 눈금 0에서 오른쪽으로 매겨진 바깥쪽 눈금을 읽으면 140°입니다.

답 140°

평가 기준			
	각 ㄱㄴㅁ의 크기를 바르게 읽은 경우	3점	합 5점
	각도를 읽는 방법을 제시하여 이유를 바르게 설명한 경우	2점	

2. 예각, 둔각 알아보기

서술형 완성하기 p. 24

1 ㄷㅇㄹ, ㄴㅇㄹ, 5 답 5개

2 ㄴㅇㄹ, 3 답 3개

서술형 정복하기 p. 25

1

예각은 0 보다 크고 직각보다 작은 각이므로 각 ㄱㅇㄴ, 각 ㄴㅇㄷ, 각 ㄷㅇㄹ, 각 ㄱㅇㄷ, 각 ㄴㅇㄹ이 예각입니다.
따라서 그림에서 찾을 수 있는 크고 작은 예각은 모두 5개입니다. 답 5개

평가 기준			
	그림에서 예각을 모두 찾은 경우	3점	합 5점
	예각은 모두 몇 개인지 바르게 구한 경우	2점	

2

둔각: 각 ㄴㄱㅂ, 각 ㄱㅂㅁ, 각 ㄴㄷㄹ, 각 ㄷㄹㅁ → 4개
예각: 각 ㄱㄴㄷ, 각 ㅂㅁㄹ → 2개
따라서 둔각은 예각보다 4−2=2(개) 더 많습니다. 답 2개

평가 기준			
	둔각과 예각이 각각 몇 개씩인지 바르게 구한 경우	3점	합 5점
	둔각은 예각보다 몇 개 더 많은지 바르게 구한 경우	2점	

3

예각: 각 ㄱㅇㄴ, 각 ㄴㅇㄷ, 각 ㄷㅇㄹ, 각 ㄹㅇㅁ → 4개
둔각: 각 ㄴㅇㄹ, 각 ㄱㅇㄹ, 각 ㄴㅇㅁ → 3개
따라서 예각은 둔각보다 4−3=1(개) 더 많습니다. 답 1개

평가 기준			
	예각과 둔각이 각각 몇 개씩인지 바르게 구한 경우	3점	합 5점
	예각은 둔각보다 몇 개 더 많은지 바르게 구한 경우	2점	

3. 각도의 합과 차 알아보기(1)

서술형 완성하기 p. 26

1 135, 135, 85 답 85°

2 40, 40, 160 답 160°

서술형 정복하기 p. 27

1

두 각을 각도기로 재어 보면 각각 155°, 100°입니다.
따라서 두 각도의 차는 155°−100°=55°입니다. 답 55°

평가 기준			
	두 각을 모두 바르게 잰 경우	2점	합 4점
	각도의 차를 바르게 계산한 경우	2점	

2

세 각을 각도기로 재어 보면 가장 큰 각도는 125°, 가장 작은 각도는 35°입니다.
따라서 두 각도의 합은 125°+35°=160°입니다. 답 160°

평가 기준			
	가장 큰 각도와 가장 작은 각도를 모두 바르게 잰 경우	3점	합 5점
	각도의 합을 바르게 계산한 경우	2점	

3

네 각을 각도기로 재어 보면 가장 큰 각도는 130°, 가장 작은 각도는 55°입니다.
따라서 두 각도의 차는 130°−55°=75°입니다. 답 75°

평가 기준			
	가장 큰 각도와 가장 작은 각도를 모두 바르게 잰 경우	3점	합 5점
	각도의 차를 바르게 계산한 경우	2점	

4. 각도의 합과 차 알아보기(2)

서술형 완성하기 p. 28

1 85, 85, 95 답 95°

2 60, 60, 185 답 185°

서술형 정복하기 p. 29

1

일직선이 이루는 각의 크기는 180°이고
30°+45°=75°입니다.
따라서 180°에서 두 각의 합을 빼면
㉠=180°−75°=105°입니다. 답 105°

평가 기준			
	두 각의 합을 바르게 구한 경우	2점	합 4점
	㉠은 몇 도인지 바르게 구한 경우	2점	

2

130°>120°>85°>75°이므로 가장 큰 각도는 130°이고 가장 작은 각도는 75°입니다.
따라서 가장 큰 각도와 가장 작은 각도의 차는
130°−75°=55°입니다. 답 55°

평가 기준			
	가장 큰 각도와 가장 작은 각도를 바르게 찾은 경우	3점	합 5점
	가장 큰 각도와 가장 작은 각도의 차를 바르게 구한 경우	2점	

3

㉠ 15°+85°=100°
㉡ 160°−35°=125°
㉢ 90°+30°=120°
㉣ 170°−60°=110°
125°>120°>110°>100°이므로 각도가 가장 큰 것부터 차례대로 기호를 쓰면 ㉡, ㉢, ㉣, ㉠입니다. 답 ㉡, ㉢, ㉣, ㉠

평가 기준			
	각도의 합과 차를 바르게 계산한 경우	3점	합 5점
	각도가 가장 큰 것부터 차례대로 기호를 바르게 쓴 경우	2점	

5. 삼각형의 세 각의 크기의 합

서술형 완성하기 p. 30

1 90, 150, 30 답 30°

2 105, 75 답 75°

서술형 정복하기 p. 31

1

삼각형의 세 각의 크기의 합은 180°이므로
55°+㉠+25°=180°입니다.
따라서 ㉠=180°−80°=100°입니다.
답 100°

평가 기준			
	삼각형의 세 각의 크기의 합이 180°임을 알고 식을 쓴 경우	2점	합 5점
	㉠의 각도를 구한 경우	3점	

2

삼각형의 세 각의 크기의 합은 180°입니다.
따라서 찢어진 부분에 있는 삼각형의 나머지 한 각의 크기는 180°−70°−65°=45°입니다.
답 45°

평가 기준			
	삼각형의 세 각의 크기의 합이 180°임을 알고 식을 쓴 경우	2점	합 5점
	종이의 찢어진 부분에 있는 삼각형의 한 각의 크기를 구한 경우	3점	

3

일직선이 이루는 각도는 180°이므로 ㉠, ㉡을 제외한 삼각형의 나머지 한 각의 크기는
180°−70°=110°입니다.
따라서 삼각형의 세 각의 크기의 합은 180°이므로 ㉠+㉡=180°−110°=70°입니다.
답 70°

평가 기준			
	삼각형의 나머지 한 각의 크기를 구한 경우	3점	합 6점
	㉠과 ㉡의 각도의 합을 구한 경우	3점	

6. 사각형의 네 각의 크기의 합

서술형 완성하기 p. 32

1 360, 360, 360, 60 답 60°

2 360, 360, 360, 265 답 265°

서술형 정복하기 p. 33

1

사각형의 네 각의 크기의 합은 360°이므로
㉠+75°+90°+103°=360°입니다.
따라서 ㉠=360°−268°=92°입니다.

답 92°

평가 기준			
평가 기준	사각형의 네 각의 크기의 합이 360°임을 알고 식을 쓴 경우	2점	합 5점
	㉠의 크기를 구한 경우	3점	

2

사각형의 네 각의 크기의 합은 360°이므로
㉠+130°+㉡+85°=360°입니다.
따라서 ㉠+㉡=360°−215°=145°입니다.

답 145°

평가 기준			
평가 기준	사각형의 네 각의 크기의 합이 360°임을 알고 식을 쓴 경우	2점	합 5점
	㉠과 ㉡의 각도의 합을 구한 경우	3점	

3

사각형의 네 각의 크기의 합은 360°이므로
사각형의 나머지 한 각의 크기는
360°−70°−140°−85°=65°입니다.
따라서 일직선이 이루는 각도는 180°이므로
㉠=180°−65°=115°입니다.

답 115°

평가 기준			
평가 기준	사각형의 나머지 한 각의 크기를 구한 경우	3점	합 6점
	㉠의 크기를 구한 경우	3점	

7. 종이를 접었을 때 만들어지는 각도 구하기

서술형 완성하기 p. 34

1 25, 25, 25, 40, 180, 40, 90, 50, 50, 130

답 ㉠=25°, ㉡=40°, ㉢=50°, ㉣=130°

2 40, 180, 180, 40, 40, 100, 360, 360, 100, 80

답 ㉠=40°, ㉡=100°, ㉢=80°

서술형 정복하기 p. 35

1

삼각형의 세 각의 크기의 합은 180°이므로
㉠+90°+25°=180°에서
㉠=180°−25°−90°=65°입니다.
종이를 접은 부분의 각의 크기는 같으므로
㉡+65°+65°=180°이고
㉡=180°−130°=50°입니다.

답 ㉠=65°, ㉡=50°

평가 기준			
평가 기준	삼각형의 세 각의 크기의 합이 180°임을 알고 ㉠의 각도를 구한 경우	2점	합 4점
	종이를 접은 부분의 각의 크기가 같음을 알고 ㉡의 각도를 구한 경우	2점	

2

종이를 접은 부분의 각의 크기는 같으므로
㉠+㉠+20°=90°에서
㉠+㉠=90°−20°=70°,
㉠=70°÷2=35°입니다.
삼각형의 세 각의 크기의 합은 180°이므로
㉡=180°−90°−35°=55°입니다.

답 ㉠=35°, ㉡=55°

평가 기준			
평가 기준	종이를 접은 부분의 각의 크기가 같음을 알고 ㉠의 각도를 구한 경우	2점	합 4점
	삼각형의 세 각의 크기의 합이 180°임을 알고 ㉡의 각도를 구한 경우	2점	

3

삼각형의 세 각의 크기의 합은 180°이므로
각 ㄴㄷㄱ의 크기는 180°−90°−70°=20°입니다.
종이를 접은 부분의 각도는 같고 각 ㄱㄷㅂ의 크기는 20°이므로 각 ㅂㄷㄹ의 크기는
90°−20°−20°=50°입니다.
따라서 ㉠+50°+90°=180°이므로
㉠=180°−140°=40°입니다.

답 40°

평가 기준			
평가 기준	삼각형의 세 각의 크기의 합이 180°, 접은 부분의 크기가 같음을 알고 각 ㄴㄷㄱ과 각 ㄱㄷㅂ의 크기를 구한 경우	2점	합 4점
	삼각형의 세 각의 크기의 합이 180°임을 알고 ㉠의 각도를 구한 경우	2점	

실전! 서술형 p. 36 ~ 37

1

㉠은 각의 기준이 되는 선이 각도기의 오른쪽 밑금에 맞추어져 있으므로 각도기의 오른쪽 눈금 0에서 왼쪽으로 매겨진 안쪽 눈금을 읽어야 합니다. 따라서 100°입니다.

답 ㉠

평가 기준			
평가 기준	각도를 잘못 읽은 것을 바르게 찾은 경우	2점	합 4점
	각도를 읽는 방법을 제시하여 이유를 바르게 설명한 경우	2점	

2

예각은 0°보다 크고 직각보다 작은 각이므로 각 ㄱㅇㄴ, 각 ㄴㅇㄷ, 각 ㄷㅇㄹ, 각 ㄹㅇㅁ, 각 ㅁㅇㅂ, 각 ㄱㅇㄷ, 각 ㄴㅇㄹ, 각 ㄷㅇㅁ, 각 ㄹㅇㅂ이 예각입니다.
따라서 그림에서 찾을 수 있는 크고 작은 예각은 모두 9개입니다.

답 9개

평가 기준			
평가 기준	그림에서 예각을 모두 찾은 경우	3점	합 5점
	예각은 모두 몇 개인지 바르게 구한 경우	2점	

3

두 각을 각도기로 재어 보면 각각 105°, 65° 입니다.
따라서 두 각도의 합은 $105° + 65° = 170°$, 두 각도의 차는 $105° - 65° = 40°$입니다.

답 합: 170°, 차: 40°

평가 기준			
평가 기준	두 각을 모두 바르게 잰 경우	2점	합 5점
	각도의 합과 차를 바르게 계산한 경우	3점	

4

$120° > 115° > 85° > 40°$이므로 가장 큰 각도는 120°이고 가장 작은 각도는 40°입니다.
따라서 가장 큰 각도와 가장 작은 각도의 합은 $120° + 40° = 160°$이고 차는 $120° - 40° = 80°$입니다.

답 합: 160°, 차: 80°

평가 기준			
평가 기준	가장 큰 각도와 가장 작은 각도를 바르게 찾은 경우	2점	합 5점
	가장 큰 각도와 가장 작은 각도의 합과 차를 바르게 구한 경우	3점	

5

삼각형의 세 각의 크기의 합은 180°이므로 $60° + 45° + ㉠ = 180°$입니다.
따라서 $㉠ = 180° - 105° = 75°$입니다. 답 75°

평가 기준			
평가 기준	삼각형의 세 각의 크기의 합이 180°임을 알고 식을 쓴 경우	2점	합 5점
	㉠의 각도를 구한 경우	3점	

6

사각형의 네 각의 크기의 합은 360°이므로 사각형의 나머지 한 각의 크기는
$360° - 105° - 125° - 80° = 50°$입니다.
삼각형의 세 각의 크기의 합은 180°이므로 삼각형의 나머지 한 각의 크기는
$180° - 55° - 90° = 35°$입니다.
따라서 일직선이 이루는 각도는 180°이므로
$㉠ = 180° - 50° - 35° = 95°$입니다. 답 95°

평가 기준			
평가 기준	사각형의 나머지 한 각의 크기를 구한 경우	2점	합 6점
	삼각형의 나머지 한 각의 크기를 구한 경우	2점	
	㉠의 각도를 구한 경우	2점	

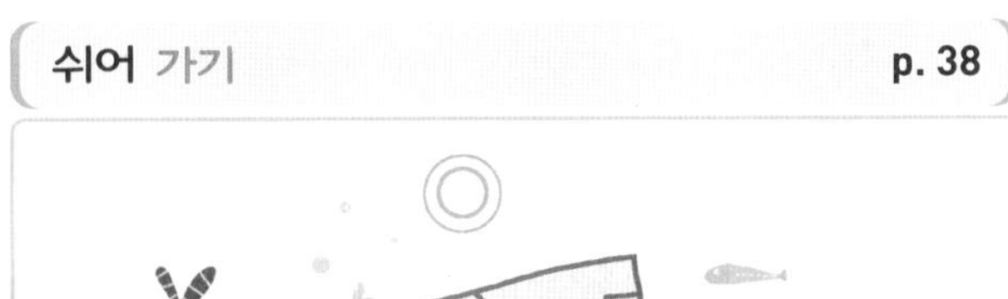

쉬어 가기 p. 38

3 곱셈과 나눗셈

1. (세 자리 수)×(몇십)

서술형 완성하기 p. 40

1 40000, 40000 답 40000원

2 22400, 22400 답 22400 km

서술형 정복하기 p. 41

1

(20상자에 들어 있는 공책 수)
=(한 상자에 들어 있는 공책 수)×20
=800×20=16000(권)
따라서 20상자에 들어 있는 공책은 모두 16000권입니다. 답 16000권

평가 기준			
	문제 상황에 맞도록 알맞은 계산식을 세운 경우	3점	합 5점
	바르게 계산하여 답을 구한 경우	2점	

2

(저금한 전체 금액)
=(하루에 저금한 금액)×(저금한 날수)
=850×30=25500(원)
따라서 동민이가 30일 동안 저금통에 저금한 금액은 모두 25500원입니다. 답 25500원

평가 기준			
	문제 상황에 맞도록 알맞은 계산식을 세운 경우	3점	합 5점
	바르게 계산하여 답을 구한 경우	2점	

3

(50원짜리 동전 금액)
=50×200=10000(원)
(500원짜리 동전 금액)
=500×60=30000(원)
따라서 돼지 저금통 안에 들어 있던 돈은 모두 10000+30000=40000(원)입니다.

답 40000원

평가 기준			
	50원짜리 동전 금액을 구한 경우	2점	합 6점
	500원짜리 동전 금액을 구한 경우	2점	
	돼지 저금통 안에 들어 있던 돈이 모두 얼마인지 구한 경우	2점	

2. (세 자리 수)×(몇십몇)

서술형 완성하기 p. 42

1 11891, 11891 답 11891개

2 11610, 11610 답 11610원

서술형 정복하기 p. 43

1

(하루에 생산되는 달걀의 무게)
=(달걀 한 개의 무게)
×(하루에 생산되는 달걀의 수)
=55×268=14740(g)
따라서 하루에 생산되는 달걀의 무게는 약 14740 g입니다. 답 약 14740 g

평가 기준			
	문제 상황에 맞도록 알맞은 계산식을 세운 경우	3점	합 5점
	바르게 계산하여 답을 구한 경우	2점	

2

(아이스크림 12개의 값)
=(아이스크림 한 개의 값)×12
=550×12=6600(원)
(거스름돈)
=(낸 돈)−(아이스크림 12개의 값)
=10000−6600=3400(원)
따라서 거스름돈으로 3400원을 받아야 합니다. 답 3400원

평가 기준			
	아이스크림 12개의 값을 바르게 계산한 경우	3점	합 5점
	거스름돈을 구한 경우	2점	

3

(종이배의 수)
=(한 사람이 접은 종이배의 수)×(남학생 수)
=116×23=2668(개)

(종이학의 수)
$=$(한 사람이 접은 종이학의 수)$\times$(여학생 수)
$=124\times18=2232$(개)
따라서 $2668>2232$이므로 종이배를 더 많이 접었습니다.

답 종이배

평가 기준			
평가 기준	종이배의 수를 구한 경우	2점	합 6점
	종이학의 수를 구한 경우	2점	
	개수를 비교하여 어느 것을 더 많이 접었는지 바르게 답한 경우	2점	

3. 몫과 나머지 구하기

서술형 완성하기 p. 44

1 7, 8, 7, 8 답 7줄, 8명

2 4, 8, 4, 8, 8 답 8개

서술형 정복하기 p. 45

1

(색 테이프의 전체 길이)$\div$(리본 한 개를 만드는 데 필요한 색 테이프의 길이)
$=395\div48=8\cdots11$
따라서 리본을 8개까지 만들 수 있고 남은 색 테이프의 길이는 11 cm입니다.

답 8개, 11 cm

평가 기준			
평가 기준	알맞은 나눗셈식을 세워 몫과 나머지를 구한 경우	2점	합 4점
	리본의 개수와 남은 색 테이프의 길이를 바르게 구한 경우	2점	

2

(전체 장미의 수)$\div$(한 다발을 만드는 데 사용하는 장미의 수)
$=266\div24=11\cdots2$
따라서 11다발을 만들고 2송이가 남으므로 말려서 보관하는 장미는 2송이입니다.

답 2송이

평가 기준			
평가 기준	알맞은 나눗셈식을 세워 몫과 나머지를 구한 경우	3점	합 5점
	말려서 보관하는 장미 수를 구한 경우	2점	

3

(전체 감자의 수)$\div$(한 상자에 가득 담을 수 있는 감자의 수)
$=375\div40=9\cdots15$
따라서 9상자에 담고 15개가 남으므로 감자를 모두 담으려면 상자는 적어도
$9+1=10$(개)가 필요합니다.

답 10개

평가 기준			
평가 기준	알맞은 나눗셈식을 세워 몫과 나머지를 구한 경우	3점	합 6점
	필요한 상자 수를 구한 경우	3점	

4. 몫과 나머지를 이용하여 세 자리 수 구하기

서술형 완성하기 p. 46

1 1, 23, 22, 22, 16, 384, 384, 22, 406

답 406

2 1, 15, 14, 14, 9, 144, 144, 14, 158, 3, 9, 144, 144, 3, 147, 158, 147, 305 답 305

서술형 정복하기 p. 47

1

27로 나누었을 때 나누어떨어지지 않을 경우 나머지가 될 수 있는 수는 1부터 26까지입니다.
따라서 어떤 세 자리 수가 될 수 있는 수 중 가장 큰 수는 (세 자리 수)$\div27=9\cdots26$에서
$27\times9=243$, $243+26=269$입니다.

답 269

평가 기준			
평가 기준	나올 수 있는 나머지의 범위를 설명한 경우	2점	합 5점
	가장 큰 세 자리 수를 구한 경우	3점	

2

$300 \div 19 = 15 \cdots 15$이므로 300보다 큰 어떤 세 자리 수를 19로 나누었을 때의 몫은 15보다 큰 수입니다. 따라서 300보다 큰 어떤 세 자리 수 중 가장 작은 수는 $19 \times 16 = 304$, $304 + 11 = 315$입니다. 답 315

평가 기준			
	몫을 구한 경우	2점	합 6점
	어떤 수를 구하는 방법을 제시한 경우	2점	
	조건에 맞는 어떤 수를 구한 경우	2점	

3

31로 나누었을 때 가장 큰 나머지는 30입니다.
$450 \div 31 = 14 \cdots 16$이므로
$31 \times 14 = 434$, $434 + 30 = 464$,
$31 \times 13 = 403$, $403 + 30 = 433$입니다.
따라서 464와 433 중에서 450에 더 가까운 수는 464입니다. 답 464

평가 기준			
	가장 큰 나머지를 구한 경우	2점	합 6점
	나머지가 가장 클 때 어떤 수를 구하는 방법을 제시한 경우	2점	
	450에 가장 가까운 어떤 수를 구한 경우	2점	

5. 바르게 계산한 값 구하기

서술형 완성하기 p. 48

1 456, 456, 488, 488, 6, 38, 6, 38
답 몫: 6, 나머지: 38

2 567, 567, 9, 9, 7, 7, 119 답 119

서술형 정복하기 p. 49

1

어떤 수를 □라고 하면
$992 \div □ = 13 \cdots 56$이고
$□ \times 13 = 992 - 56$, $□ \times 13 = 936$,
$□ = 72$입니다.
따라서 바르게 계산하면 $992 \times 72 = 71424$입니다. 답 71424

평가 기준			
	어떤 수를 구한 경우	3점	합 5점
	바르게 계산한 값을 구한 경우	2점	

2

어떤 수를 □라고 하면
$□ \div 72 = 11 \cdots 45$이고
$72 \times 11 = □ - 45$, $□ = 837$입니다.
따라서 바르게 계산하면 $837 \div 27 = 31$입니다. 답 31

평가 기준			
	어떤 수를 구한 경우	3점	합 6점
	바르게 계산한 값을 구한 경우	3점	

3

어떤 수를 □라고 하면
$81 \times □ \div 95 = 7 \cdots 64$입니다.
$81 \times □$를 ☆이라 하여 나타내면
$☆ \div 95 = 7 \cdots 64$이고 $95 \times 7 = ☆ - 64$,
$☆ = 729$이므로 $81 \times □ = 729$, $□ = 9$입니다.
따라서 바르게 계산하면 $81 \div 9 = 9$,
$9 \times 95 = 855$입니다. 답 855

평가 기준			
	어떤 수를 구한 경우	3점	합 6점
	바르게 계산한 값을 구한 경우	3점	

6. 몫이 가장 큰 나눗셈 식 만들기

서술형 완성하기 p. 50

1 75, 13, 75, 13, 5, 10
답 몫: 5, 나머지: 10

2 874, 20, 874, 20, 43, 14
답 몫: 43, 나머지: 14

서술형 정복하기 p. 51

1

몫이 가장 크려면 가장 큰 두 자리 수를 가장 작은 두 자리 수로 나누면 됩니다.
주어진 숫자 카드로 만들 수 있는 가장 큰 두 자리 수는 86이고, 가장 작은 두 자리 수는 40이므로 $86 \div 40 = 2 \cdots 6$입니다.
답 몫: 2, 나머지: 6

평가 기준			
평가 기준	몫이 가장 큰 나눗셈식을 바르게 만든 경우	3점	합 5점
	만든 나눗셈식의 몫과 나머지를 바르게 구한 경우	2점	

2

몫이 가장 크려면 가장 큰 세 자리 수를 가장 작은 두 자리 수로 나누면 됩니다.
주어진 숫자 카드로 만들 수 있는 가장 큰 세 자리 수는 754이고, 가장 작은 두 자리 수는 23이므로 $754 \div 23 = 32 \cdots 18$입니다.

답 몫: 32, 나머지: 18

평가 기준			
평가 기준	몫이 가장 큰 나눗셈식을 바르게 만든 경우	4점	합 6점
	만든 나눗셈식의 몫과 나머지를 바르게 구한 경우	2점	

3

몫이 가장 크려면 가장 큰 세 자리 수를 가장 작은 두 자리 수로 나누면 됩니다.
주어진 숫자 카드로 만들 수 있는 가장 큰 세 자리 수는 876이고, 가장 작은 두 자리 수는 25이므로 $876 \div 25 = 35 \cdots 1$입니다.
따라서 몫과 나머지의 합은 $35 + 1 = 36$입니다.

답 36

평가 기준			
평가 기준	몫이 가장 큰 나눗셈식을 바르게 만든 경우	4점	합 7점
	만든 나눗셈식의 몫과 나머지를 바르게 구한 경우	2점	
	몫과 나머지의 합을 바르게 구한 경우	1점	

실전! 서술형 p. 52 ~ 53

1

(어른의 입장료)
$= 950 \times 30 = 28500$(원)
(어린이의 입장료)
$= 600 \times 30 = 18000$(원)
따라서 입장료는 모두
$28500 + 18000 = 46500$(원)입니다.

답 46500원

평가 기준			
평가 기준	어른의 입장료를 구한 경우	2점	합 6점
	어린이의 입장료를 구한 경우	2점	
	전체 입장료를 구한 경우	2점	

2

(한솔이가 1시간 동안 자전거를 타고 간 거리)
=(한솔이가 1분 동안 자전거를 타고 갈 수 있는 거리) × 60
$= 236 \times 60 = 14160$(m)
따라서 한솔이는 자전거를 타고 1시간 동안 14160 m를 갈 수 있습니다.

답 14160 m

평가 기준			
평가 기준	문제 상황에 맞도록 알맞은 계산식을 세운 경우	3점	합 5점
	바르게 계산하여 답을 구한 경우	2점	

3

1시간=60분이므로 $287 \div 60 = 4 \cdots 47$
따라서 자동차를 타고 가는 데 걸린 시간은 4시간 47분입니다.

답 4시간 47분

평가 기준			
평가 기준	알맞은 나눗셈식을 세워 몫과 나머지를 구한 경우	3점	합 5점
	걸린 시간이 몇 시간 몇 분인지 구한 경우	2점	

4

$500 \div 28 = 17 \cdots 24$에서 500보다 큰 어떤 세 자리 수를 28로 나누었을 때의 몫은 17보다 큰 수입니다. 따라서 500보다 큰 어떤 세 자리 수 중 가장 작은 수는
$28 \times 18 = 504$, $504 + 19 = 523$입니다.

답 523

평가 기준			
평가 기준	몫을 구한 경우	2점	합 6점
	어떤 수를 구하는 방법을 제시한 경우	2점	
	조건에 맞는 어떤 수를 구한 경우	2점	

5

어떤 수를 □라고 하면
$\square \div 25 = 9 \cdots 12$이고 $25 \times 9 = 225$,
$225 + 12 = \square$, $\square = 237$입니다.

따라서 바르게 계산하면 $237 \times 25 = 5925$입니다.

답 5925

평가 기준			
평가 기준	어떤 수를 구한 경우	3점	합 6점
	바르게 계산한 값을 구한 경우	3점	

6

몫이 가장 크려면 가장 큰 세 자리 수를 가장 작은 두 자리 수로 나누면 됩니다.
주어진 숫자 카드로 만들 수 있는 가장 큰 세 자리 수는 543이고, 가장 작은 두 자리 수는 12이므로 $543 \div 12 = 45 \cdots 3$입니다.

답 몫: 45, 나머지: 3

평가 기준			
평가 기준	몫이 가장 큰 나눗셈식을 바르게 만든 경우	4점	합 6점
	만든 나눗셈식의 몫과 나머지를 바르게 구한 경우	2점	

쉬어 가기 p. 54

4 평면도형의 이동

1. 점의 이동

서술형 완성하기 p. 56

1 방법 1 예 오른, 6, 아래, 3
방법 2 예 아래, 3, 오른, 6

2 방법 1 예 왼, 5, 위, 3
방법 2 예 위, 3, 왼, 5

서술형 정복하기 p. 57

1

점 ㄱ이 점 ㄴ으로 이동한 거리는 위쪽으로 3 cm, 왼쪽으로 4 cm 이동했습니다.
점 ㄱ이 점 ㄷ으로 이동한 거리는 아래쪽으로 2 cm, 오른쪽으로 6 cm 이동했습니다.
따라서 점 ㄴ은 $3+4=7$(cm) 이동했고, 점 ㄷ은 $2+6=8$(cm) 이동했으므로
이동한 거리의 차는 $8-7=1$(cm)입니다.

평가 기준			
평가 기준	점 ㄴ의 위치로 이동한 거리를 구한 경우	2점	합 6점
	점 ㄷ의 위치로 이동한 거리를 구한 경우	2점	
	두 점이 이동한 거리의 차를 구한 경우	2점	

2

점 ㄱ이 점 ㄴ까지 이동한 거리는 왼쪽으로 3 cm, 아래쪽으로 3 cm 이동했으므로
$3+3=6$(cm)입니다.
점 ㄴ에서 점 ㄷ까지 이동한 거리는 오른쪽으로 3 cm, 위쪽으로 1 cm 이동했으므로
$3+1=4$(cm)입니다.
따라서 점 ㄱ이 점 ㄴ의 위치를 지나 점 ㄷ까지 이동한 거리는 $6+4=10$(cm)입니다.

평가 기준			
평가 기준	점 ㄱ에서 점 ㄴ까지 이동한 거리를 구한 경우	2점	합 6점
	점 ㄴ에서 점 ㄷ까지 이동한 거리를 구한 경우	2점	
	점 ㄱ에서 점 ㄷ까지 이동한 거리를 구한 경우	2점	

3

㉮ • 한 변의 길이가 2 cm인 정사각형을 만들려면 점 ㄱ은 오른쪽으로 1 cm 이동하고 점 ㄴ은 위쪽으로 1 cm 이동해야 합니다.
• 한 변의 길이가 3 cm인 정사각형을 만들려면 점 ㄴ은 왼쪽으로 1 cm 이동하고, 점 ㄷ은 아래쪽으로 1 cm 이동해야 합니다.

평가 기준			
	정사각형이 되기 위해 이동해야 할 두 점을 정한 경우	2점	합 4점
	두 점을 이동하는 방법을 설명한 경우	2점	

2. 평면도형의 이동 (1)

서술형 완성하기 p. 58

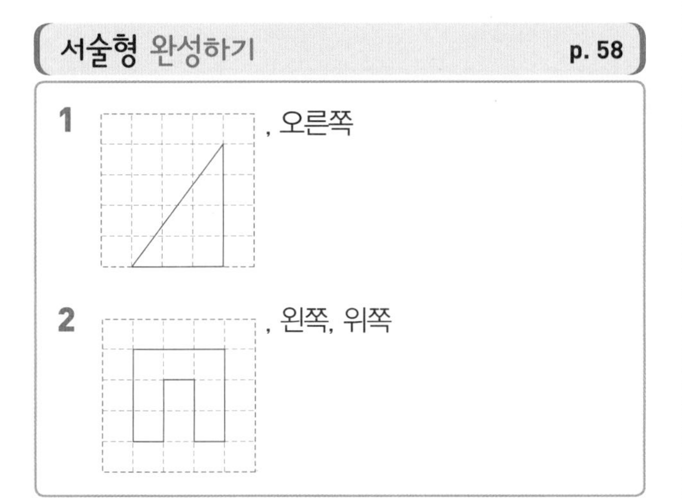

1 , 오른쪽

2 , 왼쪽, 위쪽

서술형 정복하기 p. 59

1

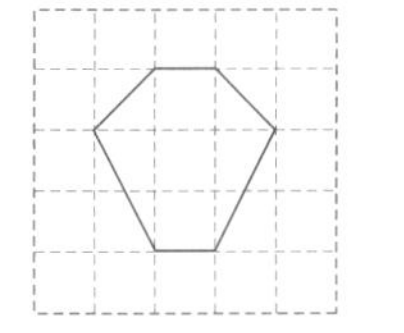 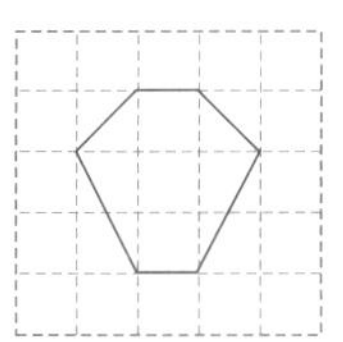

도형을 밀어서 위치가 바뀌었을 뿐 도형의 모양은 변하지 않습니다.

평가 기준			
	도형을 바르게 그린 경우	2점	합 4점
	어떻게 변했는지 바르게 설명한 경우	2점	

2

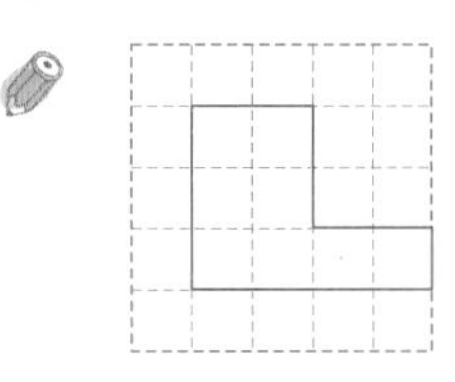

도형을 아래쪽으로 뒤집으면 도형의 위쪽과 아래쪽의 위치가 바뀝니다.

평가 기준			
	도형을 바르게 그린 경우	2점	합 4점
	어떻게 변했는지 바르게 설명한 경우	2점	

3

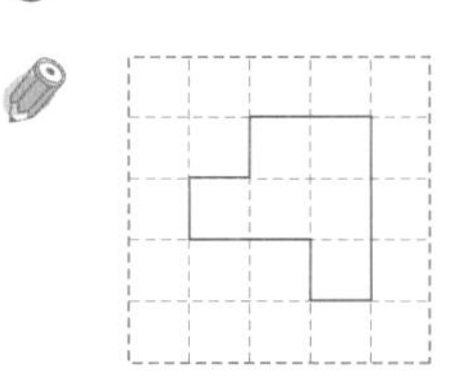

위쪽은 왼쪽, 왼쪽은 아래쪽, 아래쪽은 오른쪽, 오른쪽은 위쪽으로 바뀝니다.

평가 기준			
	도형을 바르게 그린 경우	2점	합 4점
	어떻게 변했는지 바르게 설명한 경우	2점	

3. 평면도형의 이동 (2)

서술형 완성하기 p. 60

1 위쪽, 아래쪽

2 180, 아래쪽

서술형 정복하기 p. 61

1

㉮ 위쪽은 왼쪽, 왼쪽은 아래쪽, 아래쪽은 오른쪽, 오른쪽은 위쪽으로 바뀌었으므로 시계 반대 방향으로 90°만큼 돌렸습니다.

평가 기준		
	바르게 설명한 경우	4점

2

[방법 1] ㉮ 위쪽으로 뒤집은 후, 시계 반대 방향으로 90°만큼 돌렸습니다.

[방법 2] ㉮ 오른쪽으로 뒤집은 후, 시계 방향으로 90°만큼 돌렸습니다.

평가 기준	한 가지 방법을 설명할 때마다 3점씩 배점하여 총 6점이 되도록 평가합니다.	6점

3

[방법 1] 예 왼쪽으로 뒤집은 후, 아래쪽으로 뒤집었습니다.
[방법 2] 예 위쪽으로 뒤집은 후, 오른쪽으로 뒤집었습니다.

평가 기준	한 가지 방법을 설명할 때마다 3점씩 배점하여 총 6점이 되도록 평가합니다.	6점

4. 평면도형의 이동 (3)

서술형 완성하기 p.62

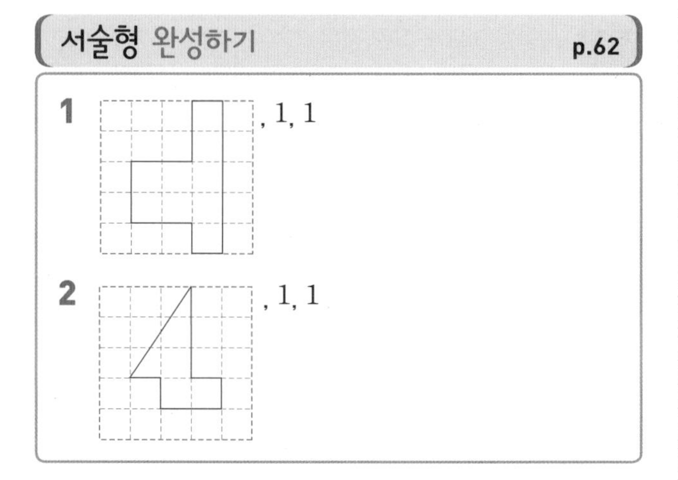

1 , 1, 1

2 , 1, 1

서술형 정복하기 p. 63

1

시계 방향으로 90°만큼 5번 돌리기 전의 도형은 시계 방향으로 90°만큼 1번 돌리기 전의 도형과 같습니다.
따라서 ㉣을 시계 반대 방향으로 90°만큼 돌린 모양을 ㉢에 그립니다.

평가 기준			
	도형을 바르게 그린 경우	3점	합
	이유를 바르게 설명한 경우	2점	5점

2

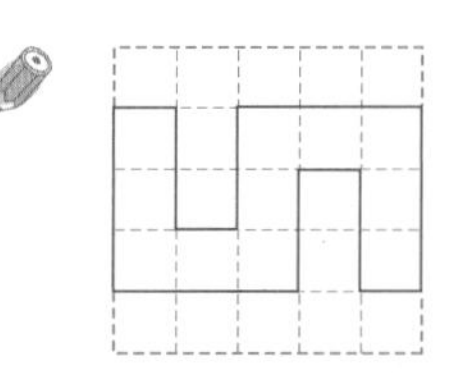

위쪽으로 7번 뒤집기 전의 도형은 위쪽으로 1번 뒤집기 전의 도형과 같습니다.
따라서 ㉢을 아래쪽으로 1번 뒤집은 모양을 ㉡에 그립니다.

평가 기준			
	도형을 바르게 그린 경우	3점	합
	이유를 바르게 설명한 경우	2점	5점

3

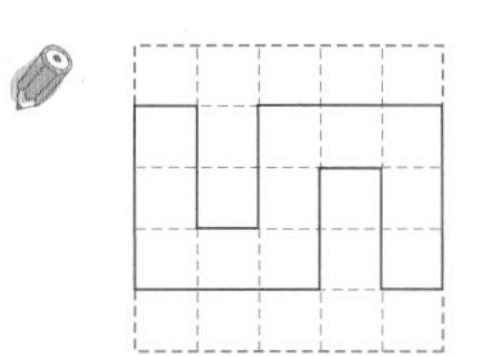

밀기 전의 도형은 밀었을 때의 도형과 모양이 같습니다.

평가 기준			
	도형을 바르게 그린 경우	3점	합
	이유를 바르게 설명한 경우	2점	5점

5. 무늬 만들기

서술형 완성하기 p. 64

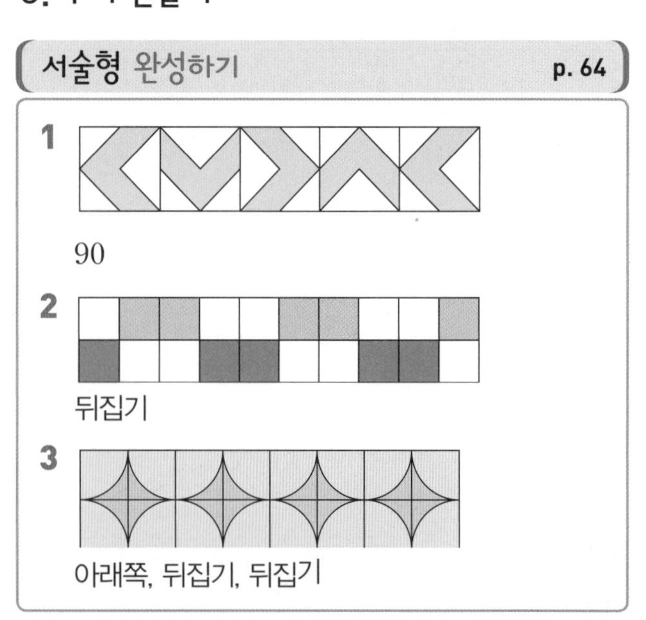

1 90

2 뒤집기

3 아래쪽, 뒤집기, 뒤집기

서술형 정복하기 p. 65

1

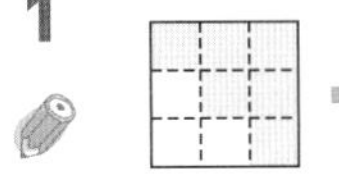

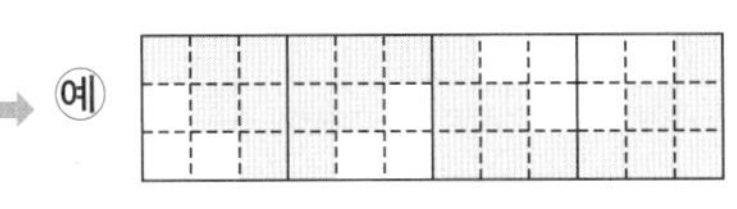

[규칙] 예 기본 도형을 시계 반대 방향으로 90° 만큼 돌리기 한 규칙입니다.

평가 기준			
	정한 규칙을 설명한 경우	2점	합 4점
	규칙에 따라 바르게 무늬를 만든 경우	2점	

2

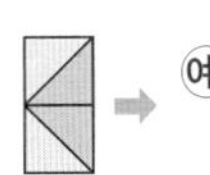

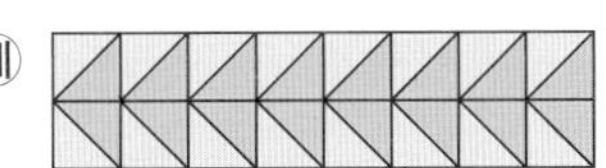

[규칙] 예 기본 도형을 오른쪽으로 밀어서 만든 규칙입니다.

평가 기준			
	정한 규칙을 설명한 경우	2점	합 4점
	규칙에 따라 바르게 무늬를 만든 경우	2점	

3

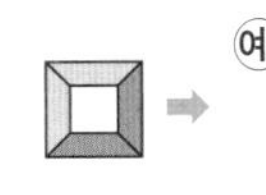

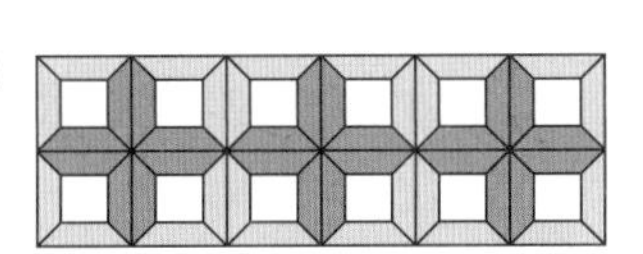

[규칙] 예 기본 도형을 아래쪽으로 뒤집기 하여 2장으로 만든 기본 도형을 오른 으로 뒤집기 한 규칙입니다.

평가 기준			
	정한 규칙을 설명한 경우	2점	합 4점
	규칙에 따라 바르게 무늬를 만든 경우	2점	

실전! 서술형 pp. 66 ~ 67

1

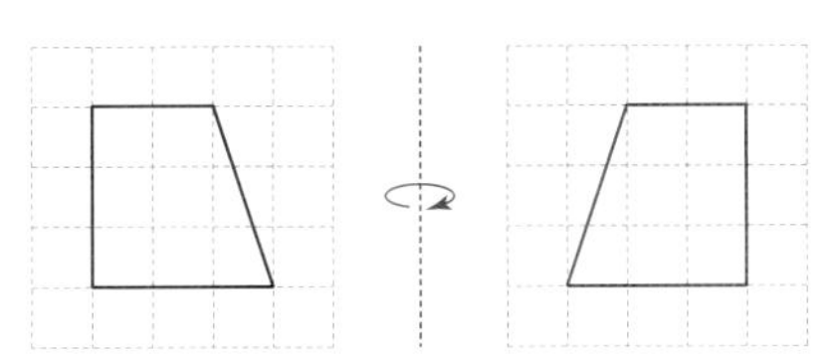

도형을 오른쪽으로 뒤집으면 도형의 왼쪽과 오른쪽의 위치가 바뀝니다.

평가 기준			
	도형을 바르게 그린 경우	2점	합 4점
	어떻게 변했는지 바르게 설명한 경우	2점	

2

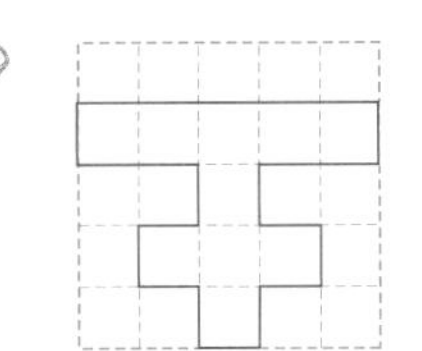

도형의 위쪽은 아래쪽으로, 아래쪽은 위쪽으로 위치가 바뀝니다.

평가 기준			
	도형을 바르게 그린 경우	2점	합 4점
	어떻게 변했는지 바르게 설명한 경우	2점	

3

[방법 1] 예 위쪽으로 뒤집은 후, 시계 방향으로 90°만큼 돌렸습니다.

[방법 2] 예 시계 방향으로 90°만큼 돌린 후, 오른쪽으로 뒤집었습니다.

평가 기준		
	한 가지 방법을 설명할 때마다 3점씩 배점하여 총 6점이 되도록 평가합니다.	6점

4

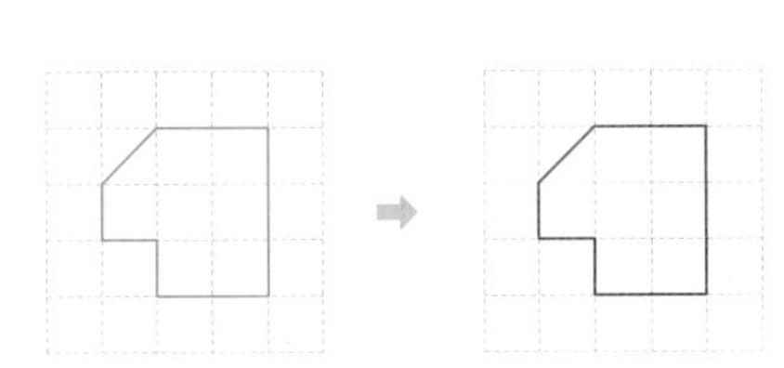

도형을 같은 방향으로 짝수 번을 뒤집으면 처음 도형과 같습니다.

평가 기준			
	도형을 바르게 그린 경우	3점	합 5점
	이유를 바르게 설명한 경우	2점	

5

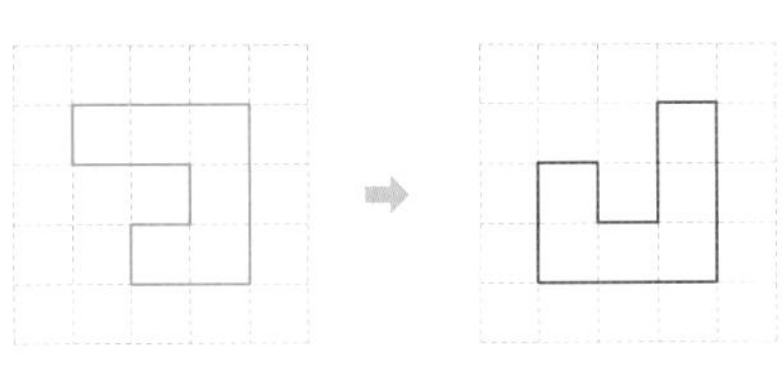

시계 방향으로 90°만큼 9번 돌리기 전의 도형은 시계 방향으로 90°만큼 1번 돌리기 전의 도형과 같습니다.
따라서 처음 도형은 오른쪽 모양을 시계 반대 방향으로 90°만큼 돌린 것과 같습니다.

평가 기준			
	도형을 바르게 그린 경우	3점	합 5점
	이유를 바르게 설명한 경우	2점	

6

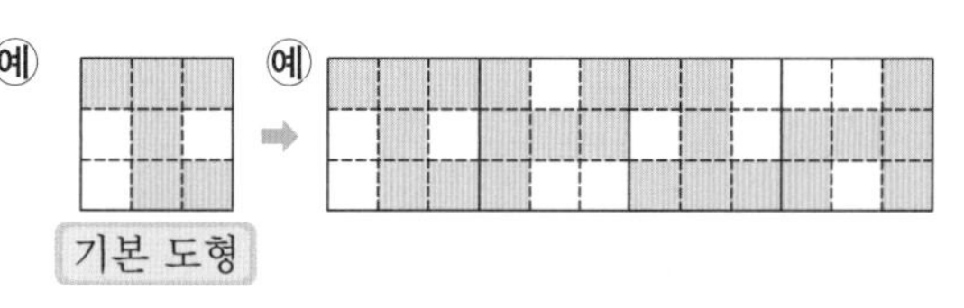

[규칙] 예 기본 도형을 시계 반대 방향으로 90°만큼 돌리기 한 규칙입니다.

평가 기준			
	정한 규칙을 설명한 경우	3점	합 6점
	기본 도형을 만들고, 규칙에 따라 바르게 무늬를 만든 경우	3점	

쉬어 가기 p. 64

5 막대그래프

1. 막대의 길이로 수량의 크기 비교하기

서술형 완성하기 p. 70

1 막대, 짧은에 ○표, 햄버거 답 햄버거

2 막대, 같은에 ○표, 만두, 피자

답 만두, 피자

3 막대, 긴에 ○표, 자장면, 떡볶이

답 자장면, 떡볶이

서술형 정복하기 p. 71

1

막대의 길이가 가장 긴 마을을 찾으면 믿음 마을입니다.

답 믿음 마을

평가 기준			
	막대의 길이를 이용하여 설명한 경우	2점	합 4점
	답을 바르게 쓴 경우	2점	

2

푸른 마을보다 심은 나무의 수가 적은 마을은 푸른 마을보다 막대의 길이가 짧은 마을입니다.
따라서 푸른 마을보다 막대의 길이가 짧은 마을은 행복 마을과 사랑 마을입니다.

답 행복 마을, 사랑 마을

평가 기준			
	막대의 길이를 이용하여 설명한 경우	2점	합 4점
	답을 바르게 쓴 경우	2점	

3

막대의 길이가 가장 긴 학생이 금붕어를 가장 많이 기르는 학생입니다.
따라서 막대의 길이가 가장 긴 학생부터 차례대로 쓰면 지혜, 석기, 가영, 영수입니다.

답 지혜, 석기, 가영, 영수

평가 기준			
	막대의 길이를 이용하여 설명한 경우	2점	합 4점
	답을 바르게 쓴 경우	2점	

2. 눈금 한 칸의 수량을 알고 비교하기

서술형 완성하기 p. 72

1 10, 10, 2, 20, 일등 답 일등 모둠

2 18, 18, 2, 9, 승리 답 승리 모둠

서술형 정복하기 p. 73

1

장미 가게에서 팔린 음료수의 수는 24개이고 진달래 가게에서 팔린 음료수의 수는 8개입니다.
따라서 팔린 음료수의 수는 장미 가게가 진달래 가게의 $24 \div 8 = 3$(배)입니다.

답 3배

평가 기준			
평가 기준	장미 가게와 진달래 가게에서 팔린 음료수의 수를 구한 경우	3점	합 5점
	답을 바르게 쓴 경우	2점	

2

수영이 취미인 학생 수는 12명이므로 학생 수가 $12\times2=24$(명)인 취미를 찾으면 미술입니다.

답 미술

평가 기준			
평가 기준	수영이 취미인 학생 수의 2배를 구한 경우	3점	합 5점
	답을 바르게 쓴 경우	2점	

3

게임이 취미인 학생 수는 32명이므로 학생 수가 $32\div2=16$(명)인 취미를 찾으면 축구입니다.

답 축구

평가 기준			
평가 기준	게임이 취미인 학생 수의 반을 구한 경우	3점	합 5점
	답을 바르게 쓴 경우	2점	

3. 표와 막대그래프 완성하기

서술형 완성하기 p. 74

1

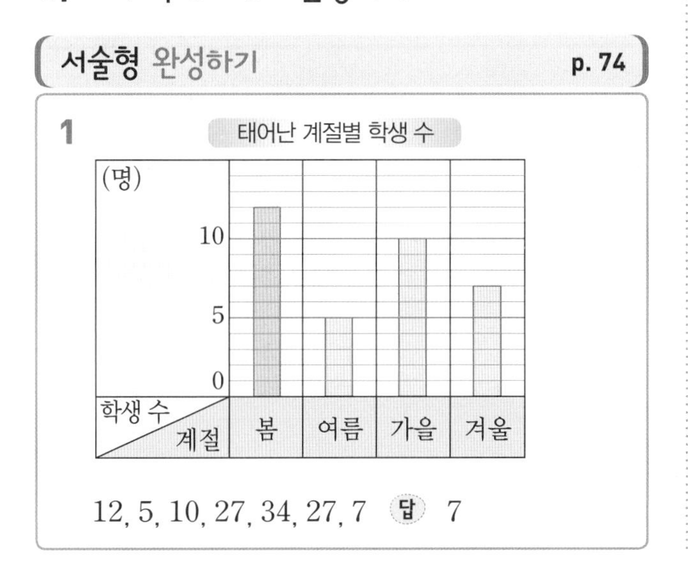

12, 5, 10, 27, 34, 27, 7 답 7

서술형 정복하기 p. 75

1

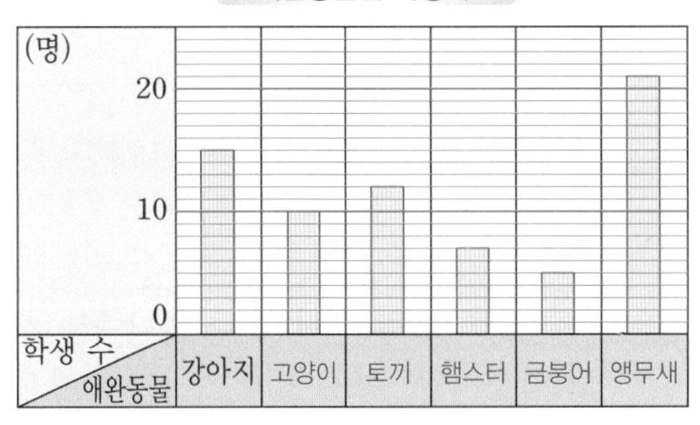

토끼를 키우고 싶어 하는 학생을 뺀 나머지 학생 수가 $15+10+7+5+21=58$(명)이므로 토끼를 키우고 싶어 하는 학생 수는 $70-58=12$(명)입니다.

답 12

평가 기준			
평가 기준	토끼를 키우고 싶어 하는 학생을 뺀 나머지 학생 수의 합을 구한 경우	2점	합 6점
	빈칸에 알맞은 수를 구한 경우	2점	
	막대그래프를 완성한 경우	2점	

2

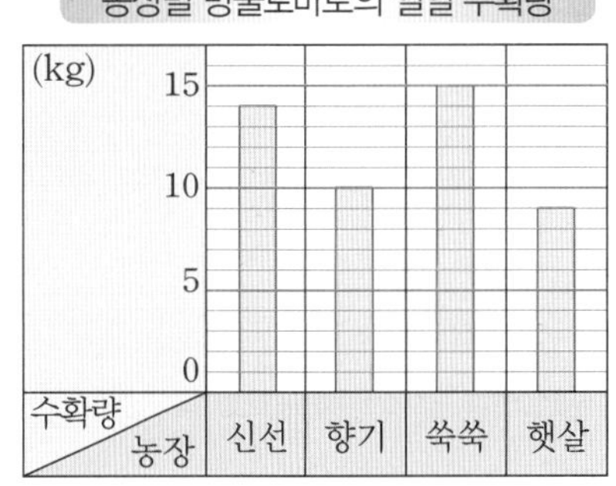

신선 농장과 향기 농장의 수확량은 $48-(15+9)=24$(kg)입니다.

향기 농장의 수확량을 □라 하면 신선 농장의 수확량은 □$+4$이므로

□$+$□$+4=24$, □$+$□$=20$, □$=10$(kg)입니다.

따라서 향기 농장의 수확량은 10 kg, 신선 농장의 수확량은 $10+4=14$(kg)입니다.

답 신선: 14, 향기: 10

평가 기준			
평가 기준	신선 농장과 향기 농장을 뺀 나머지 농장의 방울토마토 수확량의 합을 구한 경우	2점	합 6점
	빈칸에 알맞은 수를 구한 경우	2점	
	막대그래프를 완성한 경우	2점	

4. 막대그래프의 내용 알아보기

서술형 완성하기 p. 76

1 안경, 학생 수, 학생 수

서술형 정복하기 p. 77

1

아니요. / 기타는 한 나라를 나타내는 것이 아니고 학생 수가 적은 여러 나라를 모아서 나타낸 것이므로 가장 적은 학생들이 가고 싶어 하는 나라는 일본이 아닐 수도 있기 때문입니다.

평가 기준			
	아니요라고 답한 경우	2점	합 5점
	그 이유를 바르게 설명한 경우	3점	

2

아니요. / 주어진 그래프는 마을별 4학년 학생 수를 나타낸 것으로 마을의 넓이는 알 수 없기 때문에 별빛 마을이 가장 넓다고 할 수 없습니다.

평가 기준			
	아니요라고 답한 경우	2점	합 5점
	그 이유를 바르게 설명한 경우	3점	

실전! 서술형 p. 78 ~ 79

1

막대의 길이가 가장 긴 것을 찾으면 농구이고, 가장 짧은 것을 찾으면 피구입니다.
따라서 가장 많은 학생들이 좋아하는 운동은 농구이고, 가장 적은 학생들이 좋아하는 운동은 피구입니다.

답 농구, 피구

평가 기준			
	가장 많은 학생들이 좋아하는 운동을 설명한 경우	2점	합 4점
	가장 적은 학생들이 좋아하는 운동을 설명한 경우	2점	

2

은혜 마을의 자동차 수는 28대이고 웃음 마을의 자동차 수는 14대입니다.
따라서 은혜 마을의 자동차 수는 웃음 마을의 자동차 수의 $28 \div 14 = 2$(배)입니다.

답 2배

평가 기준			
	은혜 마을과 웃음 마을의 자동차 수를 구한 경우	3점	합 5점
	답을 바르게 구한 경우	2점	

3

평화 마을의 자동차 수가 20대이므로 자동차 수가 $20 \div 10 = 10$(대)인 마을을 찾으면 드림 마을입니다.

답 드림 마을

평가 기준			
	평화 마을의 자동차 수의 반을 구한 경우	3점	합 5점
	답을 바르게 구한 경우	2점	

4

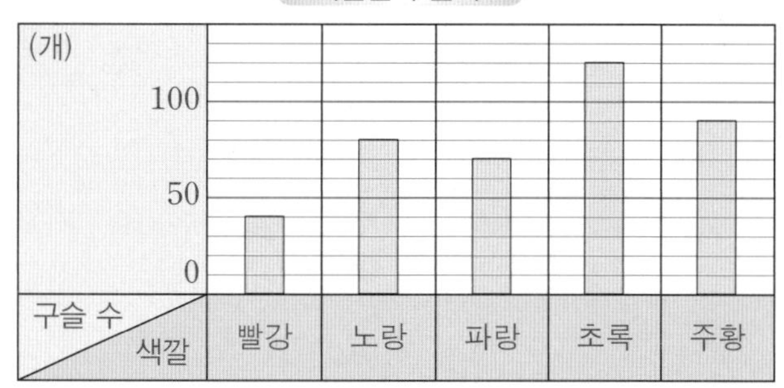

주황색 구슬을 뺀 나머지 구슬 수가
$40 + 80 + 70 + 120 = 310$(개)이므로
주황색 구슬 수는 $400 - 310 = 90$(개)입니다.

답 90

평가 기준			
	빈칸에 알맞은 수를 구한 경우	3점	합 5점
	막대그래프를 완성한 경우	2점	

5

아니요. / 주어진 그래프는 양계장별 달걀 생산량을 나타낸 것으로 양계장별 암탉의 수를 알 수 없기 때문에 가 양계장과 라 양계장의 암탉의 수가 같다고 할 수 없습니다.

평가 기준			
	아니요라고 답한 경우	2점	합 5점
	그 이유를 바르게 설명한 경우	3점	

쉬어 가기 p. 80

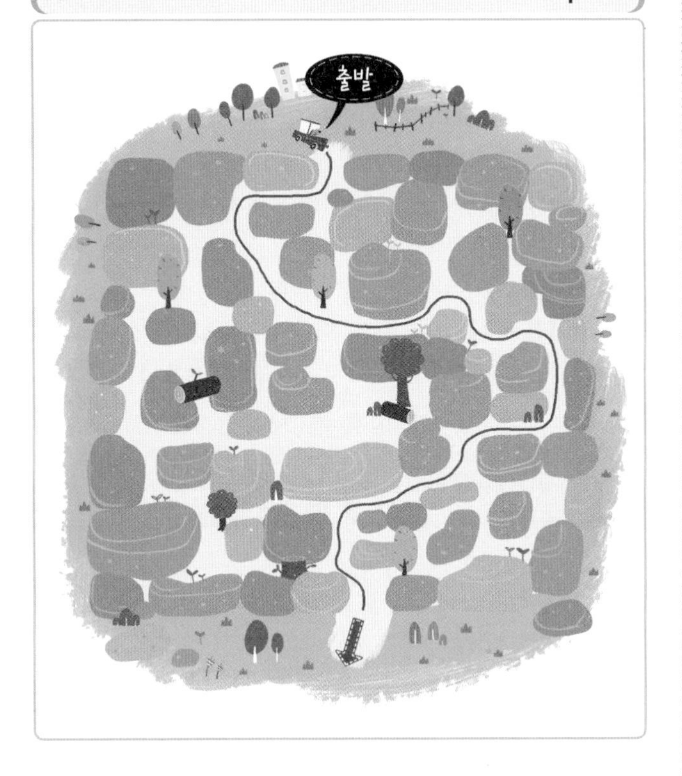

평가 기준	규칙을 바르게 찾은 경우	3점	합 5점
	㉠과 ㉡에 알맞은 수를 바르게 구한 경우	2점	

2

수 배열의 규칙을 찾아보면 1부터 시작하여 5씩 곱해진 수가 오른쪽에 있습니다.
따라서 ㉠에 들어갈 수는 $125 \times 5 = 625$입니다.

답 625

평가 기준	규칙을 바르게 찾은 경우	3점	합 5점
	㉠에 들어갈 수를 바르게 구한 경우	2점	

3

수 배열의 규칙을 찾아보면 243에서부터 시작하여 3으로 나눈 몫을 다음에 쓰는 규칙이 있습니다.
따라서 ㉠에 들어갈 수는 $27 \div 3 = 9$입니다.

답 9

평가 기준	규칙을 바르게 찾은 경우	3점	합 5점
	㉠에 들어갈 수를 바르게 구한 경우	2점	

6 규칙 찾기

1. 수 배열에서 규칙 찾기

서술형 완성하기 p. 82

1 150, 150, 1835 답 1835

2 4, 4, 256 답 256

서술형 정복하기 p. 83

1

수의 배열에서 규칙을 찾아보면 오른쪽으로 1200씩 작아지는 규칙입니다.
따라서 ㉠에 알맞은 수는
$7258 - 1200 = 6058$이고, ㉡에 알맞은 수는
$6058 - 1200 = 4858$입니다.

답 ㉠: 6058, ㉡: 4858

2. 도형의 배열에서 규칙 찾기(1)

서술형 완성하기 p. 84

1 3, 4, 5
2 2, 3, 4

서술형 정복하기 p. 85

1

정사각형의 개수는 2개씩 늘어나는 규칙이 있습니다.
따라서 다섯째에 올 도형에서 정사각형의 개수는 $1+2+2+2+2=9$(개)입니다.

답 9개

평가 기준	정사각형이 몇 개씩 늘어나는 규칙인지 바르게 찾은 경우	3점	합 5점
	다섯째에 올 도형에서 정사각형의 개수는 몇 개인지 바르게 구한 경우	2점	

2

정사각형의 개수는 1개씩 늘어나는 규칙이 있습니다.
따라서 여섯째에 올 도형에서 정사각형의 개수는 $2+1+1+1+1+1=7$(개)입니다.

답 7개

평가 기준			
	정사각형이 몇 개씩 늘어나는 규칙인지 바르게 찾은 경우	3점	합 5점
	여섯째에 올 도형에서 정사각형의 개수는 몇 개인지 바르게 구한 경우	2점	

3

예 ● 표시된 도형을 중심으로 시계 방향으로 90°씩 돌리기하며 1개씩 늘어나는 규칙입니다.

평가 기준		
	규칙을 바르게 찾은 경우	5점

3. 등호(=)를 사용한 식 알아보기

서술형 완성하기 p. 86

1 4, 4, 11 답 11

2 25, 50, 2, 6, 3, 3 답 3

서술형 정복하기 p. 87

1

나누어지는 수가 50에서 150으로 3배가 되었으므로 나누는 수도 2에서 2의 3배인 수가 되어야 합니다.
따라서 □ 안에 알맞은 수는 6입니다.

답 6

평가 기준			
	나누어지는 수와 나누는 수를 비교 설명한 경우	2점	합 4점
	□ 안의 수를 바르게 구한 경우	2점	

2

$28+4=32$, $22+12=34$, $41-9=32$, $63\div3=21$, $8\times4=32$, $84\div2=42$이므로 계산 결과가 32가 되는 식은 $28+4$, $41-9$, 8×4입니다.
따라서 등호(=)를 사용하여 두 식을 하나의 식으로 나타내면
$28+4=41-9$, $28+4=8\times4$, $41-9=8\times4$로 나타낼 수 있습니다.

답 $28+4=41-9$, $28+4=8\times4$, $41-9=8\times4$

평가 기준			
	계산 결과가 32인 식을 모두 찾은 경우	2점	합 4점
	등호(=)를 사용하여 두 식을 하나의 식으로 나타낸 경우	2점	

3

$50\div2=25$이므로 $32+4-\square$의 값도 25가 되어야 합니다.
$32+4-\square=36-\square$이므로 $36-\square=25$에서 □ 안에 알맞은 수는 11입니다.

답 11

평가 기준			
	등호(=) 왼쪽의 계산 결과와 오른쪽의 계산 결과가 같음을 설명한 경우	2점	합 4점
	□ 안의 수를 바르게 구한 경우	2점	

4. 도형의 배열에서 규칙 찾기(2)

서술형 완성하기 p. 88

1 2, 2, 7, 7, 8, 16 답 16개

2 2, 10, 12, 10, 12, 14, 42 답 42개

서술형 정복하기 p. 89

1

콩이 6개씩 많아지는 규칙이므로 넷째에는 $18+6=24$(개) 놓입니다.
따라서 처음부터 넷째까지의 콩을 모두 더하면 $6+12+18+24=30\times2=60$(개)입니다.

답 60개

평가 기준	콩이 놓인 규칙을 바르게 설명한 경우	2점	합 5점
	처음부터 넷째까지의 콩의 수의 합을 구한 경우	3점	

2

공깃돌이 3개씩 많아지는 규칙이므로
넷째에는 $9+3=12$(개),
다섯째에는 $12+3=15$(개),
여섯째에는 $15+3=18$(개) 놓입니다.
따라서 처음부터 여섯째까지 놓이는 공깃돌을 모두 더하면
$3+6+9+12+15+18=21\times3=63$(개)
입니다.

답 63개

평가 기준	공깃돌이 놓인 규칙을 바르게 설명한 경우	2점	합 5점
	처음부터 여섯째까지 놓이는 공깃돌 수의 합을 구한 경우	3점	

3

동전이 3개씩 많아지는 규칙이므로 다섯째에는 $10+3=13$(개), 여섯째에는 $13+3=16$(개) 놓입니다.
처음부터 여섯째까지의 동전을 모두 더하면
$1+4+7+10+13+16=17\times3=51$(개)
입니다.
따라서 처음부터 여섯째까지 놓인 동전의 금액은 모두 510원입니다.

답 510원

평가 기준	동전이 놓인 규칙을 바르게 설명한 경우	2점	합 6점
	동전 수의 합을 구한 경우	2점	
	동전의 금액을 구한 경우	2점	

5. 계산식의 배열에서 규칙 찾기

서술형 완성하기 p. 90

1 $870-100=770$ / 100, 200, 100, 770

2 $48\times5=240$ / 2, 3, 48, 240

서술형 정복하기 p. 91

1

더해지는 수가 100씩 커지고, 더하는 수가 50씩 커지면 두 수의 합은 150씩 커집니다.
따라서 빈칸에 들어갈 식은 $750+300=1050$입니다.

평가 기준	규칙을 바르게 설명한 경우	3점	합 5점
	빈칸에 들어갈 식을 바르게 써넣은 경우	2점	

2

곱해지는 수가 같고 곱하는 수가 2배, 3배, 4배씩 커지면 곱은 2배, 3배, 4배씩 커집니다.
따라서 빈칸에 들어갈 식은
$125\times16=2000$입니다.

평가 기준	규칙을 바르게 설명한 경우	3점	합 5점
	빈칸에 들어갈 식을 바르게 써넣은 경우	2점	

3

나누어지는 수가 2배, 3배, 4배씩 커지고 나누는 수가 같으면 몫도 2배, 3배, 4배씩 커집니다.
따라서 빈칸에 들어갈 식은 $320\div16=20$입니다.

평가 기준	규칙을 바르게 설명한 경우	3점	합 5점
	빈칸에 들어갈 식을 바르게 써넣은 경우	2점	

6. 계산식에서 규칙 찾기

서술형 완성하기 p. 92

1 $5555\times2+1=11111$
/ 2, 1, 1111, 2, 1, 11111

2 다섯, 2, 1, 111111
/ $55555\times2+1=111111$

서술형 정복하기 p. 93

1

예 나누어지는 수가 2배, 3배, 4배씩 커지고, 나누는 수가 2배, 3배, 4배씩 커지면 그 몫은 모두 똑같습니다.
따라서 넷째 빈칸에 알맞은 계산식은 $528 \div 44 = 12$입니다.

평가 기준			
	규칙을 바르게 설명한 경우	3점	합 5점
	넷째 빈칸에 알맞은 식을 써넣은 경우	2점	

2

예 900, 800, 700과 같이 100씩 작아지는 수에서 700, 600, 500과 같이 100씩 작아지는 수를 빼고, 500, 400, 300과 같이 100씩 작아지는 수를 더하면 계산 결과는 100씩 작아집니다.
따라서 넷째 빈칸에 알맞은 계산식은 $600 - 400 + 200 = 400$입니다.

평가 기준			
	규칙을 바르게 설명한 경우	3점	합 5점
	넷째 빈칸에 알맞은 식을 써넣은 경우	2점	

3

예 계산 결과는 100씩 작아지는 규칙이므로 계산 결과가 300이 나오는 계산식은 다섯째입니다.
따라서 다섯째 계산식을 써 보면 $500 - 300 + 100 = 300$입니다.

답 $500 - 300 + 100 = 300$

평가 기준			
	계산 결과가 300이 나오는 계산식은 몇째인지 구한 경우	3점	합 5점
	계산 결과가 300이 나오는 계산식을 구한 경우	2점	

7. 규칙적인 계산식 찾기

서술형 완성하기 p. 94

1 10, 10, 10, 10, 10, 10

2 3, 3, 3, 3

서술형 정복하기 p. 95

1

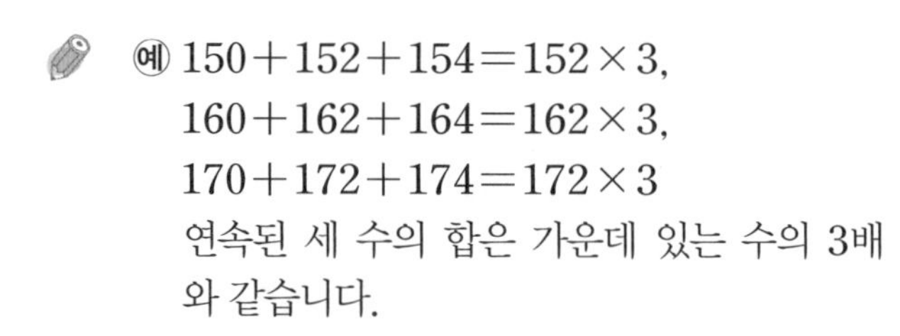

예 $150 + 152 + 154 = 152 \times 3$,
$160 + 162 + 164 = 162 \times 3$,
$170 + 172 + 174 = 172 \times 3$
연속된 세 수의 합은 가운데 있는 수의 3배와 같습니다.

평가 기준			
	규칙적인 계산식을 찾은 경우	3점	합 5점
	찾은 규칙을 바르게 설명한 경우	2점	

2

예 $8 + 16 + 24 = 10 + 16 + 22$,
$9 + 17 + 25 = 11 + 17 + 23$,
$10 + 18 + 26 = 12 + 18 + 24$,
$11 + 19 + 27 = 13 + 19 + 25$
↘ 방향에 있는 수들의 합과 ↙ 방향에 있는 수들의 합은 같습니다.

평가 기준			
	규칙적인 계산식을 찾은 경우	3점	합 5점
	찾은 규칙을 바르게 설명한 경우	2점	

3

예 $3 + 4 + 5 = 4 \times 3$, $7 + 8 + 9 = 8 \times 3$,
$11 + 12 + 13 = 12 \times 3$
연속된 세 수의 합은 가운데 있는 수의 3배와 같습니다.

평가 기준			
	규칙적인 계산식을 찾은 경우	3점	합 5점
	찾은 규칙을 바르게 설명한 경우	2점	

실전! 서술형 p. 96 ~ 97

1

수의 배열에서 규칙을 찾아보면 오른쪽으로 1010씩 커지는 규칙입니다.
따라서 ㉠에 알맞은 수는 $6258 + 1010 = 7268$이고, ㉡에 알맞은 수는 $7268 + 1010 = 8278$입니다.

답 ㉠: 7268, ㉡: 8278

평가 기준			
	규칙을 바르게 찾은 경우	2점	합 4점
	㉠에 알맞은 수와 ㉡에 알맞은 수를 바르게 구한 경우	2점	

2

정사각형의 개수는 4개씩 늘어나는 규칙이 있습니다.
따라서 넷째에 올 도형에서 정사각형의 개수는 $1+4+4+4=13$(개)입니다.

답 13개

평가 기준			
평가 기준	정사각형이 몇 개씩 늘어나는 규칙인지 바르게 찾은 경우	3점	합 5점
	넷째에 올 도형에서 정사각형의 개수는 몇 개인지 바르게 구한 경우	2점	

3

공이 3개씩 많아지는 규칙이므로
넷째에는 $7+3=10$(개),
다섯째에는 $10+3=13$(개),
여섯째에는 $13+3=16$(개) 놓입니다.
따라서 처음부터 여섯째까지의 공을 모두 더하면
$1+4+7+10+13+16=17\times3=51$(개)
입니다.

답 51개

평가 기준			
평가 기준	공이 놓인 규칙을 바르게 설명한 경우	3점	합 5점
	처음부터 여섯째까지 놓이는 공의 수의 합을 구한 경우	2점	

4

예 나누어지는 수가 2배, 3배, 4배씩 커지고 나누는 수가 같으면 몫은 2배, 3배, 4배씩 커집니다.
따라서 빈칸에 들어갈 식은 $480\div15=32$입니다.

평가 기준			
평가 기준	규칙을 바르게 설명한 경우	3점	합 5점
	빈칸에 들어갈 식을 바르게 써넣은 경우	2점	

5

예 400, 500, 600과 같이 100씩 커지는 수에서 500, 600, 700과 같이 100씩 커지는 수를 더하고, 300, 400, 500과 같이 100씩 커지는 수를 빼면 계산 결과는 100씩 커집니다.
따라서 넷째 빈칸에 알맞은 계산식은 $700+800-600=900$입니다.

평가 기준			
평가 기준	규칙을 바르게 설명한 경우	3점	합 5점
	넷째 빈칸에 알맞은 식을 써넣은 경우	2점	

6

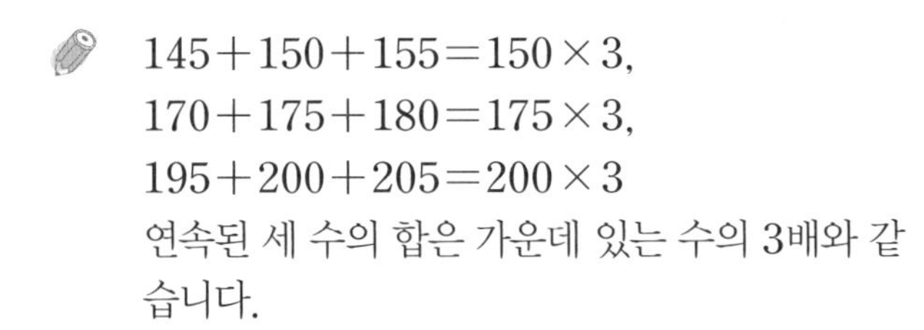

$145+150+155=150\times3$,
$170+175+180=175\times3$,
$195+200+205=200\times3$
연속된 세 수의 합은 가운데 있는 수의 3배와 같습니다.

평가 기준			
평가 기준	규칙적인 계산식을 찾은 경우	3점	합 5점
	찾은 규칙을 바르게 설명한 경우	2점	

쉬어 가기 p. 98

Memo

4 학년이 꼭 알아야 할
수학 서술형